AF525720

Claudio Niggli, Martin Frei

Stachelbeeren

Claudio Niggli, Martin Frei

Stachelbeeren

Sortenvielfalt und Kulturgeschichte

Herausgegeben von
Daniela Schlettwein und ProSpecieRara

Haupt Verlag ProSpecieRara

Zu den Autoren:

Claudio Niggli ist diplomierter Biologe und hat eine Weiterbildung zum Gymnasiallehrer absolviert. Nach vierjähriger Forschungsarbeit im nachhaltigen Weinbau für Delinat hat er 2014 die Projektleitung im Beerenbereich bei der Stiftung ProSpecieRara übernommen.

Martin Frei ist freischaffender Biologe und betreut seit 1999 im Auftrag von ProSpecieRara die Beerensammlung in Riehen (BS), Schweiz.

Umschlagabbildung
Beerenfarbkreis (Foto: Malin Maurer)

Der Haupt Verlag wird vom Bundesamt für Kultur mit einem Strukturbeitrag für die Jahre 2016–2020 unterstützt.

Gestaltung und Satz: Roman Bold & Black, D-Köln
Umschlaggestaltung: pooldesign, CH-Zürich

1. Auflage: 2019

Diese Publikation ist in der Deutschen Nationalbibliografie verzeichnet.
Mehr Informationen finden Sie unter http://dnb.dnb.de.

ISBN 978-3-258-08105-2

Gedruckt in Deutschland

Inhalt

«Beeren?», fragte Béla Bartha erstaunt und antwortete achselzuckend: «Wir haben keine alten Beerensorten.» Wir standen Mitte der 1990er-Jahre mit Martin Frei vor dem Grundstück an der Dinkelbergstrasse. Die Schafe und auch die Ponys, die seit den 1930er-Jahren auf diesem Grundstück geweidet hatten, waren verschwunden. Wir hatten Emmer und Einkorn gepflanzt und versucht, eine Dreifelderwirtschaft aufzubauen – ein Versuch, der aufgrund der Größe der Parzelle zum Scheitern verurteilt war.

So schlug ich Beeren vor und dachte an den großen Beerengarten meines Elternhauses, in dem ich mich so gerne aufgehalten hatte. Meine Freude war groß, als nur wenige Monate später Béla Bartha mit der Nachricht kam, dass ihm eine Sammlung alter Stachelbeeren angeboten worden waren. So nahm das Beerenprojekt seinen Lauf.

Daniela Schlettwein – Herausgeberin und Beeren-Förderin der ersten Stunde

Vorwort

Beeren gehören ganz selbstverständlich in jeden Nutzgarten. Ihre Früchte werden mit Freude genossen und verfügen über alle Vorzüge, die man sich für Gaumen, Gesundheit und Seele vorstellen kann. Beeren wecken schöne Erinnerungen an Geburtstagstorten, Kindermärchen und frisch zubereitete Getränke. Beeren beglücken uns nicht nur im Garten, sondern auch auf unseren Streifzügen durch Wälder und entlang wild bewachsener Böschungen. Wenn wir uns mit Aufmerksamkeit und Neugier in unserer Umwelt bewegen, werden wir diesen stillen Begleitern in vielen Situationen unseres Lebens immer wieder begegnen. Beerenpflanzen geben oft viel und verlangen meist wenig – deshalb sind sie es allemal wert, dass man ihnen mehr Aufmerksamkeit schenkt und einmal genau hinschaut. Dann eröffnet sich dem Betrachter eine neue Welt ungeahnter Farben-, Formen- und Geschmacksvielfalt. Martin Frei und Claudio Niggli haben sich in ihrer langjährigen praktischen Arbeit auf das Abenteuer eingelassen und sind der erstaunlichen Mannigfaltigkeit – hier exemplarisch bei den Stachelbeeren – auf den Grund gegangen. Mit systematischer Akribie haben sie für diese Monografie hundert Stachelbeerensorten in ihren äußeren und qualitativen Eigenschaften untersucht und beschrieben. Eine Arbeit, die in unserer schnelllebigen Zeit schon beinahe anachronistisch wirkt, basiert sie doch auf jahrelanger, geduldiger Beobachtung und viel Erfahrungswissen, welches sich die beiden Biologen angeeignet haben.

Bei aller wissenschaftlichen Neugier bedarf es aber vor allem auch eines zündenden Funkens und eines fördernden Umfelds. Hier konnte sich ProSpecieRara auf die Begeisterungsfähigkeit und Initiativkraft von Frau Dr. Daniela Schlettwein verlassen. Sie war es, die mir bei einem gemeinsamen Spaziergang von ihrer Kindheitserinnerung berichtete und dabei die wunderbare Beerenvielfalt im Garten ihres Elternhauses beschrieb. Damit pflanzte sie ganz bewusst den ersten Samen für die ProSpecieRara-Beerensammlung. Ein Keim, der anfangs auf wenig fruchtbaren Boden fiel, da sich niemand vorstellen konnte, dass in der Schweiz noch eine nennenswerte Anzahl traditioneller Beerensorten auffindbar wäre.

Kaum waren jedoch die ersten Suchaufrufe publiziert, trafen Hunderte von Sortenmeldungen am damaligen Hauptsitz von ProSpecieRara in Aarau ein! Darunter ließ eine Meldung besonders aufhorchen: Peter Hauenstein wollte seine wunderbare Zuchtsammlung mit über achtzig Stachelbeerensorten aufgeben. Sofort war ein Kleinbus organisiert und wir machten uns auf den Weg nach Rafz zur Sammlung. Durch die gemeinsame Faszination für die Vielfalt war die Brücke schnell gebaut und Peter Hauenstein war bereit, ProSpecieRara ein Duplikat seines Bestandes zu überlassen. Wir waren froh zu hören, dass er uns nicht die Mutterpflanzen, sondern lediglich daraus vermehrte Tochterpflanzen schenken wollte. Denn das konnte bedeuten, dass er eigentlich mit der Züchtung noch nicht ganz abgeschlossen hatte. Sein Freitod kurze Zeit danach sollte uns jedoch eines Besseren belehren. So erhalten wir die Sammlung auch im Gedenken an einen Beerenzüchter, welcher bereit war, seine Pflanzen der Allgemeinheit zu hinterlassen, damit andere sein Werk einmal fortführen können. Eine Einstellung, die in der heutigen Zeit, in der die großen Saatgutkonzerne die Züchtung dominieren und der Kampf um Marktanteile den gesamten Umgang mit den pflanzengenetischen Ressourcen beherrscht, wohl nicht mehr denkbar ist.

Die Beerensammlung wurde zur Erfolgsgeschichte. Frau Schlettwein hat in freundschaftlicher Zusammenarbeit mit ProSpecieRara den weiteren Aufbau des Beerenprojektes gefördert, ein passendes Grundstück zur Verfügung gestellt und seit über zwanzig Jahren die Entwicklung der Sammlung aufmerksam verfolgt. Der öffentliche Bereich auf dem Grundstück in Riehen mit seinen 51 verschiedenen Himbeerensorten, 80 Johannisbeerensorten, 16 Brombeerensorten, 49 Erdbeeren- und 96 Stachelbeerensorten ist nicht nur die größte Sammlung der Schweiz, sondern auch ein Vermächtnis und ein Andenken an all die GärtnerInnen, Bauern und ZüchterInnen, die an der überwältigenden Vielfalt der heutigen Beerensorten mitgewirkt haben.

Großzügig unterstützt durch die Margarethe und Rudolf Gsell-Stiftung, sorgt ProSpecieRara bis heute und auch in der Zukunft dafür, dass die Biodiversität für andere Menschen erhalten bleibt und zur Verfügung steht. Dieser freie Zugang ist die Grundlage dafür, dass aus diesem Erbgut Neues entstehen kann und wiederum viel Freude in unsere Gärten und Genuss auf unsere Teller bringt.

Unser herzlicher Dank geht besonders an Daniela Schlettwein und an alle anderen Menschen, welche uns bei der Erhaltung dieses wunderbaren Kulturerbes aktiv unterstützen.

Béla Bartha, Geschäftsführer ProSpecieRara

Das Beerenprojekt von ProSpecieRara

Gefährdete Beerenvielfalt

Die Kultur-Stachelbeere ist in ihrer Vielfalt an Fruchtformen und -farben unter allen Beeren einzigartig. Doch von einem einst unermesslichen Sortenreichtum ist heute nur noch ein Bruchteil vorhanden. Hierbei steht die Stachelbeere stellvertretend für die meisten Beerenarten. Die Züchtungsgeschichte verläuft beim Beerenobst dynamischer als beim Baumobst, was unter anderem auf den kürzeren Lebenszyklus der Beerenpflanzen vom Sämling bis zum fruchttragenden Strauch zurückzuführen ist. Dementsprechend tauchen in relativ kurzen Zeitabständen neue Sorten auf – und alte Sorten verschwinden ebenso rasch. Der Trend zu Ertragsmaximierung, Rationalisierung und Monopolisierung in der Landwirtschaft hat diesen Prozess im letzten Jahrhundert noch beschleunigt. Heute wird zum Beispiel bei den Erdbeeren das Sortenangebot im Großhandel im Durchschnitt alle 15 Jahre komplett erneuert. Aufgrund dieser Entwicklungen lassen sich nur noch in wenigen spezialisierten Gärtnereien und Baumschulen Pflanzen von alten Beerensorten finden.

Der Wert genetischer Ressourcen

Jede Kulturpflanze trägt in ihrem Erbgut die Informationen, welche zu den sortentypischen Eigenschaften führen. Die Gesamtheit der Merkmale jeder Sorte ist eine einmalige Kombination. Manche Sorteneigenschaften sind wünschenswert, andere nachteilig, wobei die Beurteilung je nach agronomischen Ansprüchen und Voraussetzungen anders ausfallen kann. Aspekte wie Standortbedingungen, Bewirtschaftungsform und die Verwendung des Ernteproduktes sind hier mitentscheidend. Jede Sorte vereint also ein gewisses Potenzial für die Produktion von Nahrungsmitteln, welches in Abhängigkeit von den kulturellen Rahmenbedingungen und Zielen bewertet wird. Jede spezielle Eigenheit verleiht einer Sorte zudem auch ein gewisses Potenzial als Elternteil für Züchtungen. Schon in der Vergangenheit wurden viele Sorten nicht nur als Nutzpflanzen angebaut, sondern dienten auch als Ausgangsmaterial für weitere Kreuzungen und Selektionen. Damit aber auf einen breiten Katalog von Eigenschaften zugegriffen werden kann, muss die Verfügbarkeit verschiedener Sorten für die Züchtung und den Anbau garantiert werden können. Vermehrungsfähiges Pflanzenmaterial ist also die Grundlage zur Erhaltung der genetischen Ressourcen in der Landwirtschaft.

Die Kulturformen von Stachelbeeren werden vegetativ, also über Stecklinge (Grünstecklinge) oder Absenker, vermehrt. Bei der Vermehrung über Samen würden die sortentypischen Merkmale schon in der ersten Tochtergeneration verloren gehen. Die Erhaltung erfolgt deshalb über Klonierung von Sprossteilen oder sogar nur über Stammzellgewebe. In einem ganzheitlichen Erhaltungsprojekt ist es jedoch wichtig, dass die Pflanzen nicht ausschließlich unter sterilen Laborbedingungen konserviert werden. Die Sorten müssen gleichzeitig auch in Freilandsammlungen als blühende und fruchtende Bestände bestehen, da sie nur hier als reelle Referenz für die wissenschaftliche Arbeit und als effiziente Vermehrungsgrundlage («Muttergarten») dienen können.

Die allgemeinen Sorteneigenschaften der Nutzpflanzen haben sich im Lauf der Zeit mit den landwirtschaftlichen Methoden verändert. Der Mensch hat bei der Züchtung vorwiegend auf Eigenschaften selektioniert, die eine möglichst kosteneffiziente Kultivierbarkeit bei gleichzeitig hohen Erlösen versprechen. Seit jeher standen dabei das Ertragspotenzial und die Krankheitsresistenzen sowie die unterschiedlichen Reifezeiten im Vordergrund, in neuerer Zeit insbesondere auch die Transportfähigkeit und die Uniformität des Ernteproduktes. Anhand dieser fünf Kriterien wird das agronomische Potenzial einer Sorte in den heutigen intensiven Landwirtschaftsformen überwiegend beurteilt. In Anbetracht dieser Ansprüche entstanden in neuerer Zeit fast nur noch Züchtungen, die sich in ihren Eigenschaften stark ähneln und die auf dieses enge Spektrum von technologischer Optimierung und maximiertem Ertrag spezialisiert worden sind. Die zahlreichen alten Sorten mit ihrer genetischen Vielfalt wurden indessen rasch vom Markt verdrängt. Was bleibt, wenn der Markt alleine über das Sortenangebot entscheidet, ist eine sehr beschränkte Auswahl an Kulturformen, welche auf die Bedürfnisse der Großproduzenten und Konsumenten ausgerichtet sind. Doch die Landwirtschaft und die Bedürfnisse des Menschen, aber auch die Umwelt verändern sich stetig und zum Teil rasch. Deshalb ist es wichtig, dass ungeachtet der aktuellen Produktionstrends eine möglichst breite Auswahl an genetischen Ressourcen erhalten werden kann.

Die Entwicklung von Kulturorganismen mittels neuartiger gentechnischer Methoden ist ein weltweit wachsender Wirtschaftszweig. In intensiven Anbausystemen haben Eigenschaften wie Herbizidresistenz und Widerstandsfähigkeit gegen Schadorganismen einen besonders hohen Stellenwert. Die zugrunde liegenden Probleme sind hierbei von der Agrarindustrie oft zu einem großen Teil «hausgemacht», weil die natürlichen Selbstregulationsmechanismen der Agrarökosysteme durch die massiven Eingriffe des Menschen im Zuge der Kulturintensivierung weitgehend ausgeschaltet worden sind.

Dank Aufklärungsarbeit und gezielter Bewusstseinsförderung zeigen sich auch Gegenbewegungen zur grenzenlos scheinenden Intensivierung der Landwirtschaft. Dabei wirken sich auch gewisse Konsumententrends unterstützend aus: Einerseits verändert sich in westlichen Gesellschaften die Beziehung zur Nahrung als wichtiger Teil des Lebensstil. Werte wie guter Geschmack, Gehalt an Pflanzenstoffen als Gesundheitsfaktor (Vitamine, Antioxidantien usw.) und eine große Produktevielfalt werden zusehends wichtiger. Andererseits gewinnt die ökologische, regionale und ethische Landwirtschaft an Gewicht. Schließlich zeigen sich heute auch vermehrt die Folgen des maßlosen Umgangs mit wichtigen Ressourcen: Erodierte, mit Umweltgiften belastete Böden und biologisch verarmte, aus dem Gleichgewicht geratene Ökosysteme bringen manchen Landwirt zum Umdenken. Zunehmende Extremereignisse wie Hitze und Trockenheit, Starkniederschläge oder Spätfröste sowie zahlreiche und in immer kürzeren Abständen neu auftretende Krankheiten und Schädlinge stellen den Nutzpflanzenanbau vor große Herausforderungen, gerade bei Spezialkulturen wie den Beeren. Solche Einsichten bergen neue Chancen für die genetische Diversität alter Sorten, da deren Qualitäten besonders in ganzheitlichen, traditionellen und nachhaltigen Kulturformen zum Vorschein kommen.

Entstehung der Nationalen Beerensammlung

Die Geschichte der sogenannten Nationalen Beerensammlung an der Dinkelbergstrasse in Riehen (BS, Schweiz) geht zurück auf ein Grundstück, welches der Vater von Daniela Schlettwein in den Nachkriegsjahren gekauft hatte, um es der Überbauung zu entziehen. Die Fläche wurde bis in die frühen 1990er-Jahre extensiv als Weide für Schafe und später auch für Ponys genutzt. Als der Bauboom auch vor Riehen nicht Halt machte und es keine Schafe mehr und auch nur noch vereinzelt Ponys gab, knüpfte Daniela Schlettwein in St. Gallen erste Kontakte mit der damals noch jungen Stiftung ProSpecieRara. Das Interesse der Organisation für landwirtschaftliche Versuche war groß und die Parzelle bot optimale Voraussetzungen, da sie immer nur extensiv und ohne industrielle Hilfsmittel bewirtschaftet worden war. In einer ersten Phase wurden Anbaumethoden nach dem historisch verwurzelten Prinzip der Dreifelderwirtschaft erprobt. Pionierversuche mit den alten Getreidesorten Emmer und Einkorn verliefen vielversprechend, der Standort war insgesamt aber aufgrund seiner begrenzten Größe nur mäßig geeignet. Ein gartendenkmalpflegerisches Gutachten für den benachbarten Garten Gsell, welches den Wiederaufbau eines kleinen Beerengartens vorsah, brachte das Thema «alte Beerensorten» auf die Agenda von ProSpecieRara. Die ernüchternde Bilanz aus den Recherchen in Baumschulen und Gärtnereien war aber, dass sich bis zu diesem Zeitpunkt in der Schweiz kaum jemand um die Sortenvielfalt bei Beeren gekümmert hatte und sich das Beerensortiment auf die immer gleichen Sorten beschränkte, welche von wenigen Großproduzenten vermehrt und vertrieben wurden.

In dieses Umfeld platzte 1997 die Meldung, dass die umfangreiche Beerensammlung des Obst- und Beerenzüchters Peter Hauenstein in Rafz (ZH, Schweiz) aufgelöst werden sollte. Auf einen Schlag sah sich die Stiftung mit der Chance und Verantwortung zur Rettung von 82 Stachelbeerensorten konfrontiert. Daniela Schlettwein setzte sich mit Béla Bartha und dem als Berater involvierten Biologen Martin Frei zusammen, um eine Lösung zu finden. Als geeigneter und vor allem schnell verfügbarer Standort diente die Parzelle in Riehen nun als «Auffangstation». Mit der Pflanzung der ersten Stöcke Ende 1998 wurde der Grundstein für eine umfangreiche Erhaltung von seltenen Beerensorten gelegt. Dank intensiver Vermehrungsbemühungen während zweier Jahre konnte schließlich ein Großteil der Sorten nach Riehen überführt werden. Einzelne Sorten in der Hauensteinschen Sammlung waren jedoch bereits derart schwach oder sogar schon abgestorben, dass jeglicher Rettungsversuch zu spät kam.

Der weitere Aufbau der Sammlung und die Entwicklung zur «Nationalen Beerensammlung» begann mit einem breit gestreuten Aufruf in diversen Schweizer Medien, in welchem ProSpecieRara Privatgartenbesitzer bat, Beerenbestände mit einem Alter von mindestens 50 Jahren (Erdbeeren 30 Jahren) zu melden. Hunderte von Zuschriften brachten eine Vielzahl potenziell interessanter, aber zumeist namenloser Beerenpflanzen zutage, welche für weitere Abklärungen vermehrt und in die Sammlung ausgepflanzt wurden. Parallel dazu wurden Kontakte zu diversen europäischen Beerensammlungen geknüpft mit dem Ziel, die wichtigsten ursprünglich in der Schweiz angebauten Beerensorten in die Sammlung aufzunehmen. Auf diese Weise kamen insbesondere aus Deutschland (Bundessortenamt – Prüfstelle Wurzen), aber auch aus Dänemark (The Royal Veterinary and Agricultural University, Taastrup) und England (National Fruit Collections) zusätzliche Sorten für vergleichende Sortenabklärungen zusammen. Im Zuge dieser Sammlungstätigkeiten entwickelten sich weitere Kontakte mit Beerenenthusiasten wie Marc Geens in Belgien (The Proeftuin Collection), Rein Baars in den Niederlanden, Norbert Kleinz von der Gärtnerei Ahornblatt in Deutschland oder Pascal Kissling (Alenor) in Tschechien.

2000 startete die Organisation Fructus im Auftrag des Bundesamtes für Landwirtschaft das nationale Obst- und Beerensorteninventar. In diesem Rahmen wurden bis ins Jahr 2004 schweizweit alle größeren Landbesitzer angeschrieben und um aktive Mithilfe bei der Suche nach interessanten Obst- und Beerensorten gebeten. Obstfachleute besuchten daraufhin viele der gemeldeten Standorte, dokumentierten die Sorten und schickten Beeren-Vermehrungsmaterial zur provisorischen Absicherung an ProSpecieRara. Da die Begehungen vorwiegend zum Zeitpunkt der Fruchtreife und nicht zur optimalen Vermehrungszeit gemacht wurden, musste vor allem bei den Stachelbeeren in den darauf folgenden Wintern meistens eine Nachvermehrung mit einer Zwischenveredelung gemacht werden.

Gleichzeitig mit dem nationalen Obst- und Beerensorteninventar ist ein Teil der Beerensammlung in ein Programm des Schweizer Bundesamtes für Landwirtschaft integriert worden, dem Nationalen Aktionsplan zur Erhaltung und Nutzung der pflanzengenetischen Ressourcen in Landwirtschaft und Ernährung (NAP-PGREL). Alle für die Schweizer Kulturgeschichte relevanten, gefährdeten Beerensorten werden in diesem Rahmen beschrieben und in vier Primär- und Duplikatsammlungen abgesichert. Ob eine Sorte in die sogenannte Positivliste und damit in das Erhaltungsprogramm aufgenommen wird, entscheidet sich aufgrund von durch den Bund festgelegten Kriterien. Die Primärsammlung Ribes setzt sich zusammen aus Pflanzen im öffentlichen Teil der Nationalen Beerensammlung in Riehen (BS) und aus Beständen in einem zweiten, nicht weit davon entfernten Sammlungsteil.

Die Sammlungsbestände wachsen seit der Sicherung der Stachelbeerensammlung von Peter Hauenstein kontinuierlich, und es werden auch heute noch neue Herkünfte gesammelt, weitervermehrt und vorübergehend oder auch langfristig etabliert. Bei Erscheinen des vorliegenden Werkes gedeihen in der Sammlung über 120 dokumentierte und morphologisch unterscheidbare Stachelbeerensorten neben einer Vielzahl von Johannisbeeren-, Himbeeren-, Brombeeren- und Erdbeerensorten.

Beschreibung und Identifikation

Im Rahmen der Beereninventare wird ProSpecieRara in den meisten Fällen Pflanzenmaterial ohne oder mit einem falschen Sortennamen zugesendet. Auch in Gärtnereien und selbst in offiziellen Sammlungen und Genbanken kursieren viele Pflanzen mit unzutreffenden oder zweifelhaften Bezeichnungen. Der Beerenexperte oder die Beerenexpertin muss also vorerst davon ausgehen, dass eine neue Herkunft einen unbekannten Sortenstatus ohne offiziellen Sortennamen hat. Eine gewissenhafte Beschreibung aller Herkünfte ist deshalb unabdingbar.

Sorten lassen sich grundsätzlich nicht wie Wildarten aufgrund weniger entscheidender Merkmale bestimmen und unterscheiden. Vielmehr ist es oft eine Kombination vieler Einzelmerkmale, die eine Sortenbestimmung beziehungsweise eine Sortenabgrenzung erlauben. Doch selbst nach einer umfangreichen Beschreibung ist die Zuordnung zu einer Sorte oftmals nicht mit letzter Sicherheit möglich. Die überwiegende Mehrheit der historischen Beerensorten ist in der Literatur meist schlecht und teilweise auch widersprüchlich dokumentiert. Allzu oft haben sich die Züchter mit marktschreierischen Lobreden zufrieden gegeben, anstatt die Sorten auch objektiv und detailliert zu beschreiben. Außerdem ist es fraglich, ob die Sorten den Pomologen bei späteren Beschreibungen wirklich immer sortenecht vorgelegen haben. Wiederholt sind Pflanzen auch unter falschem Namen in Umlauf gebracht worden, was zu einer zusätzlichen Verwirrung geführt hat. So bleibt die Sortenidentität mancher Herkünfte jahrelang verschleiert, bis manchmal im Zuge weiterer Recherchen oder auch fast zufällig irgendwo ein historisches Dokument mit einer ausreichenden und treffenden Beschreibung auftaucht. Die Sortenidentität einiger Pflanzen in den Sammlungen wird aber wohl für immer im Unklaren bleiben, weil schlicht keine hinreichend präzise oder vertrauenswürdige Literatur existiert. Eine intensive Beobachtung und Beschreibung der Pflanzen erlaubt aber zumindest das Zusammenfassen von Herkünften, bei denen aufgrund der übereinstimmenden Merkmale angenommen werden kann, dass es sich um dieselbe Sorte handelt.

Bei Stachelbeeren müssen nach erfolgter Meldung und Zusendung von Pflanzenmaterial zuerst während drei bis vier Jahren tragfähige Pflanzen heranwachsen, bevor diese beschrieben werden können. Die Datenerhebungen erfolgen nach vorgegebenen Schemata. Zu jedem Beschreibungsmerkmal, dem sogenannten Deskriptor, existieren Skalen mit verschiedenen Ausprägungsstufen. Ein Beispiel für einen Deskriptor ist die Fruchtgröße, mögliche dazugehörige Werte sind «sehr klein», «klein», «mittel», «groß» oder «sehr groß». Die Auswahl an Deskriptoren zur Beschreibung stützt sich dabei primär auf internationale Standards (UPOV, Internationaler Verband zum Schutz von Pflanzenzüchtungen) und wird durch weitere, für den Beerenexperten relevant erscheinende Merkmale ergänzt. Die erhobenen Daten werden bei ProSpecieRara als Deskriptoren-Einzelwerte in eine zentrale Obstdatenbank eingepflegt. Nach mindestens drei Erhebungszyklen zu allen wichtigen Pflanzeneigenschaften werden die Einzelbeobachtungen zusammengefasst. Da die Beerenfruchtsaison einerseits relativ kurz und gedrängt ist und andererseits nicht alle Herkünfte jedes Jahr eine durchschnittliche physiologische Entwicklung zeigen, werden für eine Synthese oft mehr als drei Jahre benötigt. Mit einer ausreichenden Zahl von Synthesewerten wird anschließend eine repräsentative Beschreibung in Textform erstellt. Diese umfasst die Morphologie (Gestalt) aller Pflanzenteile, die sensorische Beurteilung der Frucht sowie agronomische Aspekte wie Phänologie, Krankheitsanfälligkeit und Ertrag.

Im Unterschied zur morphologischen Sortenbeschreibung befindet sich die molekulargenetische Charakterisierung der Stachelbeeren erst in der Entwicklung. Zurzeit werden Analysen an der schweizerischen Forschungsanstalt Agroscope in Changins (Nyon, VD) durchgeführt, welche allerdings noch auszuwerten sind und mithilfe der bereits vorliegenden morphologischen Erhebungsdaten verglichen werden müssen.

Die Kulturgeschichte der Stachelbeere

Botanik der Stachelbeeren

Systematik

Die Stachelbeeren gehören zur Familie der Stachelbeergewächse (Grossulariaceae) und zur Gattung Johannisbeeren *(Ribes)*, welche mit 140 bis 160 Arten in den gemäßigten Klimazonen Amerikas und Eurasiens verbreitet ist. Die Gattung ist in weitere Untergattungen gegliedert, darunter die Untergattung *Grossularia* mit den Stachelbeeren. Weltweit sind bisher 33 Stachelbeerenarten beschrieben worden, wovon 25 in Nordamerika vorkommen, sechs in Ostasien, eine Art in Ostasien und Nordamerika sowie eine Art in Eurasien und Nordafrika. Für die Züchtung der heutigen Kulturformen sind vorwiegend fünf Arten verwendet worden, wobei die in Europa heimische Stachelbeere *(Ribes uva-crispa)* die längste und intensivste Kulturgeschichte aufweist. Im Folgenden werden diese Stammarten der alten und moderneren Stachelbeerensorten vorgestellt.

Beschreibung der Stammarten

Europäische Stachelbeere (Wildform)
Ribes uva-crispa* L. subsp. *uva-crispa

Synonym: *Ribes grossularia*

Beschreibung: Dieser sommergrüne Strauch erreicht je nach Standort Wuchshöhen zwischen 60 und 150 cm. Die dunkel graubraunen **Äste** wachsen niederliegend bis sparrig aufrecht und teilweise überhängend. Die borkenähnliche Korkhaut an mehrjährigem Holz schilfert ab. An den Knoten sind die Langtriebe mit 1- bis 3-teiligen (meist 3-teiligen) **Dornen** von 5–10 mm Länge versehen. Zudem sind die Internodien oft mit borstenförmig reduzierten **Stacheln** besetzt.

Die **Laubblätter** stehen an älterem Holz büschelig, an jüngeren Trieben einzeln und wechselständig. Sie sind in einen 1–2 cm langen, behaarten Blattstiel und eine unterseits, teilweise auch oberseits behaarte Blattspreite von (1–)2–3(–5) cm Länge gegliedert. Die Blattspreite ist 3- bis 5-lappig und eingeschnitten gezähnt, die Blattspitze und die Lappen sind stumpf. Die Blattbasis ist herzförmig bis stumpf keilförmig.

Die einzeln oder traubig zu 2–3 stehenden, zwittrigen **Blüten** sitzen in den Blattachseln. Die kahlen oder leicht behaarten, 2–4 mm langen Blütenstiele sind mit zwei reduzierten, ovalen Vorblättern besetzt. Die kurz glockenförmigen, hängenden Blüten sind 5-zählig. Der 4–6 mm lange Blütenbecher (Hypanthium) ist grünlich und behaart. Die grünlich und rötlich gefärbten, abgespreizten und später zurückgeschlagenen Kelchblätter (Petalen) sind mit 4–7 mm Länge deutlich größer als die unscheinbaren, cremefarbenen Kronblätter (Sepalen) mit 2–3 mm Länge. Narbe, Staubfäden und Kronblätter stehen parallel zur Blütenachse und ragen über den Blütenbecher hinaus. Die Staubblätter sind cremefarben, kahl und doppelt so lang wie die Petalen. Der Fruchtknoten ist leicht behaart.

Die grünliche, gelbliche oder rote **Frucht** ist eine Beere von 5–8 mm Durchmesser und kugeliger bis eiförmiger oder elliptischer Form. Sie ist behaart, weich drüsenborstig oder kahl, wobei die Behaarung mit zunehmender Reife abnimmt. Der Fruchtboden läuft am Ansatz in eine stielförmig verlängerte Basis aus. Die Beerenhaut ist mehr oder weniger durchscheinend, die Beere dadurch geadert respektive marmoriert. Die dunklen Samen enthalten Chlorophyll und sind von einer Schutzschicht in Form eines schleimigen Mantels umgeben.

Blütezeit: In Mitteleuropa März bis Anfang Mai, je nach Höhenlage.

Ökologie und Ökomorphologie: Die Stachelbeere ist ein Flachwurzler, der auf mäßig trockenen bis frischen Böden mit ausreichendem Nährstoffgehalt vorkommt. Sie gedeiht im Unterwuchs feuchter Wälder oder in Schluchten von Fließgewässern. Zudem werden auch steinige, eher schattige Ruderalstandorte in Siedlungsnähe besiedelt, sie ist hier aber wohl nur aus Kultur verwildert. Der Untergrund ist bevorzugt basisch und oft kalkhaltig. Über die Wurzeln geht die Pflanze Symbiosen mit Pilzen ein (arbuskuläre Mykorrhiza).

Eine vegetative Vermehrung ist über Absenker möglich, also niederliegende Triebe, die sich bewurzeln und später von der Mutterpflanze getrennt werden können.

Die Blüten sind selbstfruchtbar, Fremdbestäubung wird aber durch zeitliche Verschiebung der Reifung von Narbe und Staubgefäßen gefördert. Sie werden von Schwebfliegen, Bienen und Hummeln bestäubt. Der Zugang zum reichlich produzierten Nektar am Blütengrund ist durch Reusenhaare reguliert.

Die zuckerhaltigen Beeren werden von Vögeln und Säugern gefressen und die Samen so über den Kot verbreitet (Zoochorie).

Verbreitung: Eurasiatisch. Die Art ist von Skandinavien über den Mittelmeerraum bis zum Atlasgebirge verbreitet. Nach Osten erstreckt sich das Vorkommen über den Kaukasus und Sibirien bis in die Mandschurei. Im Alpenraum steigt die Pflanze vom Flachland bis auf 1860 m ü. M., im Mittelmeergebiet ist die Verbreitung auf das Gebirge beschränkt.

Kulturform: Die Gartenform *Ribes uva-crispa* subsp. *grossularia* neigt zur Verwilderung und lässt sich morphologisch nicht eindeutig von der Wildform trennen. Die Kulturform zeichnet sich vor allem durch größere und weichere Früchte aus.

Kurzbeschreibungen der wichtigsten nordamerikanischen Stachelbeeren (Wildformen)
Die Blätter sind bei allen beschriebenen Arten handförmig genervt und unregelmäßig gezähnt. Alle Arten sind an den Knoten unterhalb der Seitentriebe bedornt. Die Blüten sind in der Regel 5-zählig. Die Früchte sind essbar.

Art	Wuchs und Trieb	Bedornung	Blätter	Blüten	Frucht
Kanadische Stachelbeere *Ribes oxyacanthoides*	Bis 2 m hoch, aufrecht bis sparrig. Junge Triebe gelblich grau und behaart, im Alter verkahlend und rotbraun.	Dornen zu 1–3, 2–13 mm lang. Stacheln fehlend bis dicht.	Blattstiel 1–4 cm lang, kahl bis drüsig behaart. Spreite 3- bis 5-lappig, rundlich bis nierenförmig, 1,5–4 cm lang, weich behaart und drüsig bis kahl, Blattgrund gerade bis herzförmig.	Zu 1–3, Sepalen grünlich, weißlich bis rötlich, zurückgeschlagen. Petalen weiß bis rötlich. Staubblätter die Krone nicht oder knapp überragend.	Kahl, rötlich, grünviolett oder schwarzviolett. 7–16 mm Durchmesser.
Behaart-stängelige Stachelbeere *Ribes hirtellum*	Bis 1,5 m hoch, aufrecht bis niederliegend. Triebe grau, jung behaart.	Dornen zu 1–3, 3–8 mm lang. Stacheln fehlend oder selten zerstreut.	Blattstiel 0,7–1,5 cm lang, behaart. Spreite 5- bis 7-lappig, rundlich bis rhombisch, 1–2,5 cm lang, behaart bis kahl, drüsenlos. Blattgrund gerade bis keilförmig.	Zu 1–3, Sepalen grünlich bis rötlich, abstehend. Petalen weiß bis rötlich. Staubblätter die Krone leicht überragend.	Kahl, rundlich, grün bis rot bis schwarzviolett. 6–7 mm Durchmesser.
Hagebutten-Stachelbeere *Ribes cynosbati*	Bis 1,5 m hoch, aufrecht bis sparrig. Triebe graubraun, kahl oder behaart.	Dornen fehlend oder zu 1–3, 5–15 mm lang. Stacheln fehlend oder zerstreut.	Blattstiel 1–3 cm lang, behaart und drüsig. Spreite 3- oder 5-lappig, 5-eckig, 1,7–5 cm lang, kahl bis behaart und drüsig. Blattgrund gerade bis herzförmig.	Zu 1–2, Sepalen grünlich, abstehend bis zurückgeschlagen. Petalen weiß. Staubblätter die Krone kaum überragend.	Mit langen, weichen Borsten, grün bis hellrot. 7–15 mm Durchmesser.
Oregon-Stachelbeere *Ribes divaricatum*	Bis 3 m hoch, aufrecht bis sparrig. Triebe behaart.	Dornen fehlend oder zu 1–3, 5–20 mm lang. Stacheln fehlend oder zerstreut.	Blattstiel 1–3 cm lang, behaart und drüsig. Blattspreite meist 3-lappig, rundlich bis nierenförmig, 2–3,5 cm lang, leicht behaart. Blattgrund gerundet bis herzförmig.	Zu 2–4, selten einzeln. Sepalen rötlich bis violettgrün. Petalen weiß oder rosa bis rot. Staubblätter die Krone weit überragend.	Kahl, schwarzviolett. 6–12 mm Durchmesser.

Etymologie – nomen est omen

Wissenschaftlicher Name: Der Gattungsname *Ribes* entstammt dem arabischen *ribâs,* einer im Libanon wachsenden Rhabarberart. Damit wird Bezug genommen auf den säuerlichen Geschmack der Johannisbeeren, welcher an Rhabarberstängel erinnert. Der Artname der in Europa vorkommenden Stachelbeere *uva-crispa* bedeutet aus dem Lateinischen übersetzt «krause Traube». Er verweist auf die Ähnlichkeit der Fruchtform und -größe mit einer Weintraube und auf die krause Behaarung mancher Früchte oder auf die gekrauste Erscheinung der Blätter am Neutrieb im Frühjahr.

Deutscher Sprachraum: Der deutsche Name «Stachelbeere» verweist auf die Bedornung der Triebe. Sinngemäße Formen des Namens sind «Stickelbeer», «Stachelpunchen» und «Stickdorn». Im Schwäbischen, Fränkischen und Niederdeutschen sind die volkstümlichen Namen «Krause Beere» oder «Kräuselbeere» sowie deren Abwandlungen verbreitet. In der Schweiz sind je nach Region die Bezeichnungen «Chrosle» und «Chruselbeeri» geläufig, wobei der nahe verwandte Begriff «Chrusle» auch krause Haarlocken bezeichnet.

Englischer Sprachraum: Die Theorien zur Wortherkunft von *gooseberry* zeigen unterschiedliche Ansätze. Einerseits lässt sie sich von der Verwendung der Stachelbeere in der englischen Küche ableiten. Sie wurde und wird hier gekocht oder als Sauce zubereitet zu Gänsebraten serviert (engl. *goose* = Gans). Die säurehaltigen Beeren sollen den fettreichen Braten bekömmlicher machen und geschmacklich verfeinern. Sprachwissenschaftler tendieren aber zur Annahme, dass der Name auf das französische *groseille* zurückgeht.

Abbildung von Seite 78 aus **«1902 vegetables, flowers, grains & fruits, 22nd annual catalogue»**, Ford Seed Co., Ravenna, Ohio, 1902

Französischer Sprachraum: Im Französischen heißt die Stachelbeere *groseille à maquereau. Groseille* ist wahrscheinlich aus dem altfranzösischen *grose* oder *groise* abgeleitet, welches wiederum aus dem mittelhochdeutschen *krûs* = kraus entlehnt sei. *Maquerau* nimmt ähnlich wie im Englischen Bezug auf den kulinarischen Verwendungszweck, da Stachelbeeren bevorzugt zu sehr fetthaltigen Fischen (franz. *maquereau* = Makrele) serviert wurden.

Ethnobotanik der Stachelbeere: Mythen und Sagen

Wie andere dornenbewehrte Pflanzen wurde auch die Stachelbeere als wirksamer Schutz gegen böse Geister betrachtet. In der Walpurgisnacht sollten an Tür und Fenster befestigte Stachelbeerenzweige den Teufel und andere unheimliche Wesen fernhalten.

In Ruppin (Brandenburg, Deutschland) mussten die Stachelbeeren sogar für einen medizinischen Aberglauben herhalten. Verwundeten wurden neun Zweige in die Seiten gesteckt und dazu folgender Zauber gesprochen: «Blut, Blut! Im Namen des Heilandes Jesus Christus, der wahrhaftig am Kreuz für uns gestorben ist, gebiete ich dir, du sollst stillstehen.»

Zweige der Stachelbeere wurden im ausgehenden Mittelalter als «Andreasreiser» verwendet. Bei diesem Orakelbrauch wurden am Andreastag (30. November) die Reiser geschnitten, und zwar schweigend und von Menschen ungesehen. Neben der Stachelbeere wurden auch Zweige anderer Obststräucher und -bäume verwendet und schließlich allesamt in eine Vase gestellt. Drei Reiser wurden mit farbigen Bändern versehen und jedes mit einem Wunsch belegt. Blühte einer der drei Zweige zu Weihnachten, sollte der entsprechende Wunsch in Erfüllung gehen.

Im heutigen Rumänien in der Stadt Braller pflegten die siebenbürgischen Sachsen einen Brauch, bei dem zu Christi Himmelfahrt in einer Prozession von Kindern symbolisch der Tod in Form einer Strohpuppe aus der Siedlung herausgetragen wurde. Für die Beteiligten galt es nunmehr als ungefährlich, von Beerensträuchern zu naschen, da der Tod, der vor allem in Stachelbeerensträuchern lauerte, nun ja vertrieben war.

Im englischen Sprachraum wurde die Stachelbeere bereits früh mit dem Teufel assoziiert. «To play old gooseberry» wurde Ende des 18. Jahrhunderts im Sinn von «den Teufel spielen» verwendet, also «großes Unheil oder Schaden anrichten». Später wurde «to play gooseberry» gleichbedeutend mit der Rolle eines Aufsehers oder eines überflüssigen Störenfrieds verwendet, beispielsweise wenn die mögliche romantische Harmonie durch einen Dritten absichtlich gestört wurde. In England gilt nach der Viktorianischen Blumensprache die Stachelbeerenblüte als Symbol der Empfängnis. Noch heute wird Kindern auf die Frage nach der Herkunft von Babys gesagt, man finde sie «unter einem Stachelbeerenstrauch».

Nutzungsgeschichte

Die Wildformen der Stachelbeere wachsen im Mittelmeergebiet nur in den Gebirgen, zudem sind die Früchte klein und sauer. Dies mögen wohl die Hauptgründe dafür sein, dass die Stachelbeere in der Antike als Nahrungsmittel kaum eine Rolle spielte. Weder schriftliche Zeugnisse noch archäologische Belege finden sich aus diesen Zeiträumen.

Die ersten Funde in Deutschland stammen aus dem Zeitraum zwischen dem 12. und 15. Jahrhundert. Hierbei handelte es sich aber wohl um Wildsammlungen. Die ersten Gartenkulturen wurden vermutlich in England und Nordfrankreich angelegt. Die erste belegte schriftliche Erwähnung in kulturellem und kommerziellem Rahmen ist eine Rechnung an den Hof des englischen Königs Eduard I., welcher im Jahr 1276 Stachelbeerenbüsche geordert hatte. Später verbreitete sich das Stachelbeerenobst in ganz England. Thomas Tusser, ein englischer Dichter und Landwirt, bezeichnete in seinem Werk «Five hundred points of good husbandry» (1573) die Stachelbeere als gängige Gartenfrucht. Sie fand auch während der Herrschaftszeit der Tudors im 15. und 16. Jahrhundert vielseitige Verwendung in der Küche.

John Parkinson, Botaniker am Hof von König Jakob I., erwähnte die Stachelbeere in seinem Werk «Paradisi in Sole Paradisus Terrestris» (1629): «Die Beeren der Gewöhnlichen Stachelbeere, wenn sie klein, grün und hart sind, werden meistens gekocht oder gesotten verwendet für Saucen, sei es für Fisch oder Fleisch verschiedener Art ... Außerdem, wenn sie fast reif sind, für Torten ... Sie sind auch gut für Frauen mit Kindern.»

Auf dem europäischen Festland fristete die Stachelbeere lange Zeit ein unbeachtetes Dasein. Sie wurde zwar vom Pariser Arzt Ruellius in seinem Traktat «De natura stirpium» von 1536 erwähnt, aber ohne Hinweise auf besonders wertvolle Eigenschaften. Die Botaniker Hieronymus Bock und Conrad Gesner führten in diesem Zeitraum die Stachelbeere ebenfalls auf, jedoch nicht wegen des kulinarischen Nutzens, sondern zur Verwendung als wehrhafter Heckenstrauch.

Ausgehend von England verbreiteten sich dann im späten 16. und im 17. Jahrhundert allmählich immer mehr Gartenzüchtungen der Stachelbeere in Europa. Um 1740 waren in England bereits etwa hundert vorwiegend kleinfruchtige, der Wildform noch stark angenäherte Stachelbeerensorten bekannt. Die Stachelbeere wurde hier nicht nur für den Frischkonsum angebaut, sondern auch für die Weinherstellung. Aufgrund des hohen Zuckergehalts bei gleichzeitig ausgewogenen Säurewerten eignet sich die Beere dafür besonders gut.

Zwischen 1780 und 1850 wurden die ersten großfruchtigen Kultur-Stachelbeeren gezüchtet und es entstand eine unüberschaubare Sortenvielfalt. Ab dem Beginn des 19. Jahrhunderts entwickelte sich in England ein regelrechter Kult um die Stachelbeere mit Vereinen (gooseberry societies) und alljährlichen Wettbewerben, bei welchen die besten Neuzüchtungen prämiert wurden. Hierbei lag der Fokus vorerst auf dem Aussehen und dem Geschmack, während sich später die Züchter mit immer gewaltigeren Fruchtgrößen zu übertrumpfen versuchten. Dabei wurde auch auf ausgeklügelte Kulturmethoden zurückgegriffen, wie den Einsatz von speziellen Stachelbeeren-Düngern, Reduktion des Fruchtbehangs und spezielle Schnitttechniken. Einzelne stattliche Rekordfrüchte brachten zwischen 40 und 50 Gramm auf die Waage und waren so groß wie Taubeneier (der aktuelle Weltrekord aus dem Jahr 2013 liegt bei 64,49 Gramm). Im 19. Jahrhundert entstanden in Nordengland unzählige Stachelbeeren-Vereine und einzelne englische Gärtnereien führten bis zu 300 verschiedene Stachelbeerensorten in ihrem Sortiment. 1861 wurden in England in der Hochblüte der Vereinstätigkeit 168 Stachelbeeren-Schauen registriert, von welchen im 21. Jahrhundert gerade noch elf übrig blieben.

In deutschen Hausgärten hatte die Stachelbeere anfänglich einen schweren Stand. Sie war vorerst Liebhabern und Experten vorbehalten, welche im ausgehenden 18. Jahrhundert Stachelbeerensorten aus England importierten. Der deutsche Pfarrer und Pomologe J. E. Christ führte 1802 in seinem «Pomologischen theoretisch-praktischen Handwörterbuch» bereits 290 englische und acht deutsche Stachelbeerensorten auf. Erste frühe Züchtungsversuche waren zu Beginn des 19. Jahrhunderts erkennbar, und Liebhaber von Stachelbeeren wie der vielseitige Gelehrte Lorenz von Pansner (1777–1851) und der Kaufmann Eckhard Klocke (1759–1831) legten umfangreiche Sammlungen an. 1852 erschien von Pansner posthum die erste Stachelbeeren-Monografie («Versuch einer Monographie der Stachelbeeren»), in welcher 966 Sorten geführt und teilweise relativ ausführlich beschrieben wurden. Grundlage dazu bildete neben eigenen Aufzeichnungen insbesondere auch ein Manuskript von Klocke mit 245 Aquarellen, welches in Teilen kürzlich in der Deutschen Gartenbaubibliothek in Berlin wiederentdeckt wurde. Der Jenaer Hofgärtner Heinrich Mauer übernahm nach dem Tod Pansners dessen gesamten Stachelbeeren-Nachlass einschließlich der Stachelbeerensammlung mit über 400 Sorten. In der Folge waren Heinrich Mauer wie auch sein Sohn Louis bis zum Ersten Weltkrieg die einzigen deutschen Autoren, welche sich systematisch mit dem Beerenobst auseinandersetzten und maßgeblich zur Verbreitung beitrugen.

In der zweiten Hälfte des 19. Jahrhunderts wurden allmählich die ersten professionellen Großkulturen angelegt. Diese wurden oft auch in traditionellen Weinbaugebieten gepflanzt, um Stachelbeerenwein nach englischem Vorbild herzustellen, später auch als mögliche Alternative zu den stark von der Reblaus geschädigten Rebkulturen. Die Pflanzen fühlten sich unter den trockenen, exponierten Bedingungen der Rebhänge aber nicht richtig wohl und waren zu wenig produktiv. Mit den Sortenempfehlungslisten des Deutschen Pomologen-Vereins erhielt der Stachelbeerenanbau in Deutschland im Jahr 1896 einen neuen Stellenwert. 26 anbauwürdige Sorten wurden darin genannt, welche dann von zahlreichen Baumschulen vermehrt und vermarktet wurden. Die Baumschulisten Louis Maurer und Franz Späth spielten als Stachelbeeren-Liebhaber eine besonders wichtige Rolle und führten auch fortwährend weitere englische Sorten ein. Die Stachelbeere wurde in wirtschaftlich schwierigen Zeiten auch zur Selbstversorgung immer wichtiger.

Vor allem in Deutschland etablierte sich eine spezielle Nutzungsform, die Grünpflücke. Dabei wird die Hälfte bis zwei Drittel des Fruchtbehangs bereits geerntet, wenn die Beeren erst ein Drittel bis die Hälfte der maximalen Größe erreicht haben. Diese frühzeitig gepflückten Beeren sind für den Rohgenuss ungeeignet und werden in der Küche ähnlich wie Rhabarber zu Kompott, Kuchen usw. verarbeitet. Durch den hohen Pektingehalt eignen sich die unreifen Beeren besonders für Konserven. Die restlichen Früchte an den Sträuchern reifen in der Folge besser aus und erreichen höhere Konzentrationen an Inhaltsstoffen. Vielerorts war früher die Ernte der Grünpflücke sogar lukrativer als der Verkauf vollreifer Früchte. Hier entwickelte sie sich zur Haupterntemethode, statt der kleinsten wurden die größten Beeren vorzeitig selektioniert und vermarktet.

Zu Beginn des 20. Jahrhunderts wurde der Amerikanische Stachelbeermehltau nach Europa eingeschleppt und breitete sich rasant in den Kulturen aus, da die europäische Stachelbeere nie Resistenzen gegen diese fremde Pilzkrankheit entwickelt hatte. Viele professionelle Kulturen mussten komplett aufgegeben werden. Die Züchtungsarbeit konzentrierte sich fortan auf die Kreuzung mit amerikanischen Stachelbeeren, welche Resistenzgene gegen den Mehltau besaßen. Die entsprechenden Neuzüchtungen waren zunächst aber eher kleinfruchtig und ertragsarm und kamen auch sonst bezüglich Farbe und Aussehen nicht an die bis dahin bekannten Sorten heran. Mit der Zeit konnte dieser Mangel durch intensive Züchtungsarbeit zwar teilweise behoben werden, und spätestens seit den 1970er-Jahren waren auch attraktive mehltautolerante Sorten im Handel. Die Vielfalt der alten Sorten konnte jedoch nicht mehr erreicht werden, und so blieb der Stachelbeere vielerorts nur noch ein Nischendasein in den Beerenkulturen. Im konventionellen Erwerbsanbau spielen aber immer noch einzelne großfruchtige alte Sorten wie 'Achilles' eine Rolle.

In Nordamerika konnten sich die europäischen Stachelbeerensorten wegen ihrer Anfälligkeit für den Mehltau kaum durchsetzen. Die Züchter konzentrierten sich hier auf die einheimischen Stachelbeeren, vor allem auf *Ribes hirtellum,* welche jedoch eher minderwertige Resultate lieferten, wie die 1833 gezüchtete resistente 'Houghton'. Später konnte sich ein interspezifischer Abkömmling dieser Sorte mit dem Namen 'Downing' als wichtigste Stachelbeere etablieren, da sie qualitativ besser und trotzdem leicht zu vermehren war. Trotzdem fristet die Stachelbeere in den USA bis heute ein Schattendasein.

Allgemeine Sortenmerkmale der Kultur-Stachelbeere

Für die Beschreibung der Stachelbeerenherkünfte haben sich die Autoren weitgehend an den gängigen Kriterien des Internationalen Verbandes zum Schutz von Pflanzenzüchtungen UPOV orientiert (Stand 2011). Im Folgenden werden die Methodik bei den Datenaufnahmen und das verwendete Vokabular zu den Merkmalsklassen und deren Ausprägungsstufen detailliert erläutert. Die Erhebungen wurden bei jeder Herkunft an mehreren Sträuchern und über mehrere Jahre durchgeführt, sodass die saisonale und die individuelle Varianz der Sortenmerkmale repräsentiert wird. Zusätzlich zu den systematisch erhobenen Standard-Deskriptoren werden in den Beschreibungen weitere spezielle Eigenschaften und Beobachtungen genannt, welche nicht in die UPOV-Klassifikation eingebunden sind. Wenig dienlich scheinende Deskriptoren wurden weggelassen oder nur aufgeführt, wenn eine deutlich vom Mittelwert abweichende Ausprägung beobachtet worden ist. Die Knospenmerkmale nach UPOV 2011 wurden bisher noch nicht berücksichtigt.

Die Standardisierung eines Vokabulars für die Beschreibung von Sortenmerkmalen ist eine anspruchsvolle Aufgabe. Sie erfordert diskrete, also gestufte Definitionen und Abgrenzungen in einer Lebenswelt fließender Übergänge und beinahe unendlicher Vielfalt. Deshalb führt eine systematische Klassifizierung – und diese verschreibt sich eigentlich ja genau der Präzision – paradoxerweise immer auch zu einer gewissen Beliebigkeit und Unschärfe. In diesem widersprüchlichen Prozess ist es des Naturwissenschaftlers Herausforderung, das Erscheinungsbild von Organismen auf mehreren Ebenen in einzelne Aspekte zu zerlegen, um so Gemeinsamkeiten und Unterschiede zu erfassen und daraus konsistente und mit möglichst einfachen Mitteln erkenntliche Merkmale zu definieren. Im Prinzip wird bei der Beschreibung also eine komplexe Realität akribisch und gleichzeitig bildhaft so weit auf das Wesentliche reduziert, dass daraus für den Beobachter ein Wiedererkennungswert entsteht. In diesem Prozess ist eine Definition von Begrifflichkeiten und Konventionen über die Beobachtungsweise unerlässlich. Soweit möglich und sinnvoll, haben wir dies hier in Wort und Bild umgesetzt. Im Anhang finden sich zudem Tabellen mit Referenzsorten zu den wichtigsten Ausprägungsklassen. Für manche Merkmale wurden in allen Sortenbeschreibungen Angaben gemacht, während bei anderen nur Hinweise aufgeführt sind, wenn sie von der durchschnittlichen Ausprägung abweichen.

Merkmalsgüte

Wie gut geeignet oder, anders gesagt, wie präzise und verlässlich ein Merkmal für systematische Sortenbeschreibungen ist, hängt von verschiedenen merkmalsspezifischen Faktoren der Messbarkeit und der Variabilität ab.

Messbarkeit: Allgemein kann zwischen qualitativen und quantitativen Merkmalen unterschieden werden. Die Merkmalsgüte von quantitativen Merkmalen ist größer als diejenige von qualitativen Merkmalen. **Quantitative Merkmale** können gemessen oder gezählt, also numerisch ausgedrückt werden. Die verwendeten Ausprägungsstufen umfassen hier je nach Merkmal ein Adjektiv, welches für eine definierte Spanne steht (z. B. groß = von x bis y mm), oder sie werden mit diskreten Zahlen bezeichnet (z. B. 1, 2 oder 3 Teildornen). Beispiele für quantitative Merkmale sind der Blütendurchmesser oder die Anzahl Blüten pro Blütenstand. Die Ausprägung eines **qualitativen Merkmals** kann nicht mit einfachen Mitteln gemessen werden. Die Ausprägungsstufe wird deshalb von der beschreibenden Person subjektiv in Bezug auf Referenzsorten oder die in einer Sammlung beobachteten Extremausprägungen eingeschätzt. In wissenschaftlichen Sammlungen haben Nachbarpflanzen einer anderen Sorte einen unvermeidlichen Einfluss auf solche Schätzungen, da der Betrachtende sie zumindest unbewusst als Referenz wahrnimmt. Beispiele für qualitative Merkmale sind die Wuchsdichte, die Wuchsform oder die Fruchtfarbe.

Phänotypische Plastizität: Die meisten Merkmale werden in ihrer Ausprägung mehr oder weniger stark durch die Umweltbedingungen beeinflusst. Die Wuchsstärke einer Pflanze beispielsweise wird nicht nur durch genetische beziehungsweise sortenspezifische Faktoren festgelegt, sondern sie wird in entscheidendem Maße auch durch die äußeren Einflüsse bestimmt (Klima, Schnitt). Für einigermaßen repräsentative Rahmenbedingungen bei der Beschreibung von stark plastischen Merkmalen sollten mindestens fünf ausgewachsene Sträucher unter «idealen» Kulturbedingungen beobachtet werden. Limitierend ist hierbei jedoch allein schon die Tatsache, dass oft nicht bekannt ist, welche Bedingungen für eine Sorte denn nun «ideal» sind (Bodentyp, Klima, Lage). Minimal plastische Merkmale sind von hoher Güte, da sie weitgehend unabhängig vom Alter und Gesundheitszustand der Pflanze sowie den Umweltbedingungen sind. Leider sind bei den Stachelbeeren relativ wenige Merkmale mit einer ausgesprochen geringen Plastizität bekannt. Am konstantesten sind einige Fruchtmerkmale wie die Behaarung oder die Farbe der Schale, aber auch das Verhältnis der verschiedenen Dornentypen am einjährigen Trieb. Auch bei den Blüten finden sich verschiedene konstante Merkmale, doch haben diese bisher eine unzureichende Beachtung bei den Sortenbeschreibungen gefunden.

Intraspezifische Variabilität: In diesem Falle ist eine hohe Variabilität für die Beschreibungen ausnahmsweise günstig: Je größer die Spanne oder Palette der Ausprägungen eines Merkmals innerhalb einer Art über alle Sorten betrachtet, umso wertvoller ist sie für Beschreibungen. Bei den Stachelbeeren ist beispielsweise die Fruchtfarbe im Vergleich zu anderen Beerengruppen sehr breit gestreut, in einem für den Laien gut zu unterscheidenden Spektrum. Im Gegensatz dazu ist der Glanz der Blattoberseite, über alle Sorten betrachtet, ziemlich ähnlich, wenn man von der Blattbehaarung absieht.

Intraindividuelle Variabilität: Merkmale, die sich auf gewisse Pflanzenteile beziehen, können in ihrer Ausprägung innerhalb derselben Pflanze mehr oder weniger stark schwanken. So lassen sich an demselben Strauch oft zwei oder (seltener) mehrere Ausprägungsstufen desselben Merkmals mit fließenden Übergängen finden. Finden sich beispielsweise an einem Strauch sowohl Blüten mit kleinem als auch mit mittlerem Blütendurchmesser, wird dies in der Beschreibung auch so angegeben. Letztere umfasst deshalb oft zwei benachbarte Stufen auf der Beurteilungsskala, z. B. «klein bis mittel». Dieser oftmals sortentypischen Variabilität von gewissen Merkmalen wird in den vorliegenden Beschreibungen Rechnung getragen, indem mehrere Skalenstufen genannt werden, anstatt nur die häufigere zu nennen.

Phänologische Variabilität: Zahlreiche morphologische und auch sensorische Merkmale verändern sich im Lauf der Vegetationsperiode mehr oder weniger schnell, und einige können nur in einem ausgesprochen engen phänologischen Zeitraum erfasst werden, um eine hohe Merkmalsgüte zu erreichen. Die Anthocyanfärbung des Jungtriebes beispielsweise verändert sich innerhalb der ersten Tage nach dem Austrieb sehr rasch. Für die meisten Merkmale sind in den UPOV-Richtlinien die phänologischen Zeitpunkte vorgeschrieben, zu welchen die Daten erhoben werden sollen. In der praktischen Umsetzung heißt das, dass man in Sammlungen fast täglich Erhebungen machen müsste, um bei allen Sorten den idealen Beobachtungszeitpunkt zu treffen.

Ontogenetische Variabilität: Merkmalsausprägungen können sich im Lauf des Lebens einer Pflanze in Abhängigkeit ihres Alters verändern. Merkmale, welche diesbezüglich eine hohe Varianz zeigen, sind für Beschreibungen weniger gut geeignet. Manchmal zeigt sich eine hohe Merkmalsvariabilität in Abhängigkeit des Alters einzelner Pflanzenteile, zum Beispiel der Gerüsttriebe. Hier muss die Datenaufnahme so weit wie möglich standardisiert werden (z. B. Aufnahmen nur an vorjährigem Zuwachs usw.). Die ontogenetische Variabilität nimmt auch Einfluss auf die intraindividuelle Variabilität.

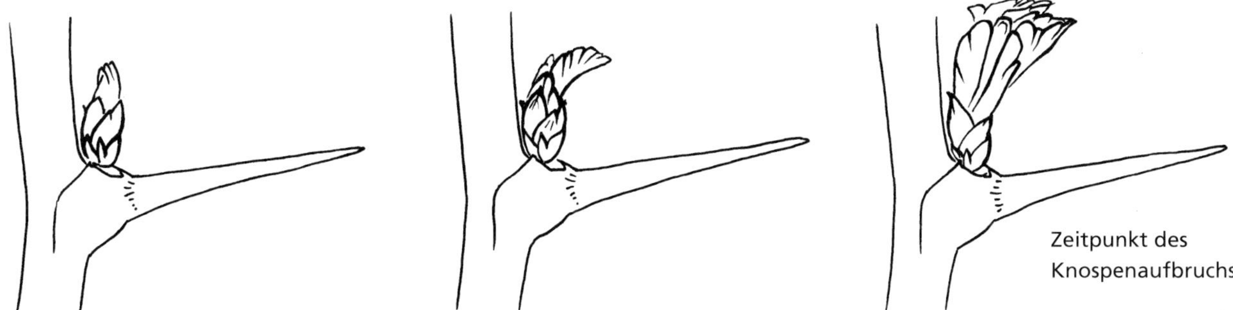

Abb. 1: Austrieb der Stachelbeere

Phänologie: Pflanzenstadien im Jahresverlauf

Alle Kultur-Stachelbeeren sind laubabwerfende Sträucher der gemäßigten Klimazone. Das Austreiben der Knospen beginnt im Vorfrühling, also in Mitteleuropa in tiefen Lagen zwischen Ende Februar und Ende März, und damit früher als bei allen anderen Strauchbeeren. Je nach Sorte entfalten sich erste Blüten rund zwei bis fünf Wochen nach dem Austrieb. Nach der Befruchtung entwickeln sich aus dem Fruchtknoten innerhalb von 11 bis 14 Wochen die reifen Früchte. Das vegetative Wachstum der diesjährigen Triebe verlangsamt sich nach der Sommersonnenwende oder wird ganz eingestellt. Die Reifezeit der Beeren fällt in den Hochsommer, alle Sorten müssen in den Niederungen im Lauf des Julis abgeerntet werden, Frühsorten bereits im Juni. Im Früh- und Vollherbst verfärben sich die Blätter allmählich, der darauf folgende Blattfall erstreckt sich über den Voll- und Spätherbst.

Der genaue Phänologieverlauf hängt stark vom Jahreswetter ab, weshalb die sortenspezifischen Ausprägungen nicht absolut, sondern relativ zum Durchschnitt beziehungsweise zu den Extremen von allen bekannten Sorten angegeben werden. Damit lässt sich die Charakterisierung der Phänologie auch auf andere geografische Gebiete beziehungsweise Klimazonen annähernd übertragen. Für alle phänologischen Merkmale werden sieben Skalenstufen von «sehr früh» bis «sehr spät» verwendet. Die Stufenangaben mit Bindestrich entsprechen nicht einer Spanne, sondern einer Zwischenstufe, dienen also der Verfeinerung der Skala. Je nach Witterungsverlauf können diese Stufen jedoch nahe beieinander- oder weit auseinanderliegen und sichere Beurteilungen erschweren. Dies betrifft insbesondere die frühen Entwicklungsstadien wie den Knospenaufbruch.

Zeitpunkt des Knospenaufbruchs

Der Zeitpunkt des Knospenaufbruchs nach der Winterruhe gilt als erreicht, wenn sich an mindestens zehn Prozent der Winterknospen die Hüllblätter spreizen und sich die ersten grünen Blätter sichtbar hervorschieben (siehe Abb. 1). Im Verlauf des weiteren Wachstums werden die Knospenschuppenblätter schließlich abgestoßen. Bei vielen, aber längst nicht bei allen Sorten korreliert der Zeitpunkt des Knospenaufbruchs mehr oder weniger stark mit dem Zeitpunkt des Blühbeginns: Früh austreibende Sorten zeigen oft auch einen frühen Blühbeginn. Der Zusammenhang zwischen den beiden phänologischen Ausprägungen ist nicht nur sortenspezifisch, sondern hängt auch vom Wetterverlauf im Winter und Frühjahr ab. In Mitteleuropa setzt der Austrieb bei den meisten Sorten in der letzten Februarwoche oder der ersten Märzwoche ein.

Zeitpunkt des Blühbeginns

Der Blühbeginn gilt als erreicht, wenn mindestens zehn Prozent aller Blüten am Strauch geöffnet sind, also wenn die Kelchblätter rechtwinklig zur Blütenlängsachse abgespreizt sind. In Mitteleuropa setzt die Blüte in durchschnittlichen Jahren bei den meisten Sorten in der ersten Aprilhälfte ein.

Zeitpunkt des Beginns der Fruchtreife

Der Beginn der Fruchtreife gilt als erreicht, wenn mindestens zehn Prozent aller Früchte vollständig gefärbt sind. Diese Definition bedingt für eine adäquate Beurteilung, dass man die Farbe der Frucht zur Vollreife vorgängig kennt. Als vollreif werden die Früchte erst bezeichnet, wenn sie auf leichten Druck mit den Fingern spürbar nachgeben. Bei den meisten Sorten reifen in Mitteleuropa die Früchte im Verlauf der ersten Julihälfte.

Frucht

Die Frucht der Stachelbeere ist im Vergleich zu anderen Beeren besonders mannigfaltig gefärbt und strukturiert. Die Summe aller Fruchtmerkmale ist für die Bestimmung der Sorten am wichtigsten. Während sich die Fruchtfarbe im Reifeprozess noch ziemlich stark verändern kann, bleibt die Dichte der Flaumhaare und der Borstenhaare nach Erreichen der Endgröße konstant.

Größe

Die Fruchtgröße wird mittels fünf Größenklassen semiquantitativ erhoben. Sie lässt sich quantitativ annähern, indem man die Höhe und den Durchmesser der Beere addiert. Auch mit dem Gewicht kann die Beerengröße genähert werden, da die Varianz der Fruchtfleischdichte zwischen den unterschiedlichen Sorten als relativ gering eingeschätzt wird. Die Fruchtgröße bei Kultur-Stachelbeeren ist sortenspezifisch, schwankt aber gerade bei den europäischen Sorten auch in Abhängigkeit der Pflanzenvitalität und der Erziehung beträchtlich. Eine repräsentative Beurteilung des Größenmerkmals ist also nur bei ausreichender Versorgung der Pflanzen mit Nährstoffen und Wasser möglich. Kulturformen der amerikanischen Stachelbeerenarten zeigen im Schnitt die geringsten Fruchtgrößen, die kleinfruchtigsten werden als «sehr klein» bezeichnet, bei einem durchschnittlichen Fruchtdurchmesser von 10–14 mm. Die europäischen Züchtungen, welche aus *Ribes uva-crispa* hervorgegangen sind, erreichen bei optimaler Nährstoffversorgung deutlich größere Fruchtdurchmesser mit einer über alle Sorten betrachtet weiten Variationsbreite (Angaben in *Länge + Größe / 2*): «klein» = 14–17 mm, «mittel» = 17–22 mm, «groß» = 22–25 mm und «sehr groß» = 25–30 mm. Bei gezielter Kultur können bei manchen Sorten auch größere Dimensionen erreicht werden. Das Erzielen möglichst großer beziehungsweise schwerer Beeren war traditionellerweise eines der wichtigsten Kriterien der Stachelbeeren-Züchter. Da die Varianz der Fruchtgröße je nach Sorte auch innerhalb desselben Individuums relativ hoch sein kann, erscheinen in den Sortenbeschreibungen oftmals Kombinationen von zwei Ausprägungsstufen.

Form

Die Angaben zur Form der Beere beziehen sich auf den Fruchtlängsschnitt durch die Mitte senkrecht zur Stielachse. Die Fruchtformen umfassen oftmals selbst innerhalb desselben Individuums ein beträchtliches Spektrum. So finden sich manchmal nebeneinander an demselben Ast sowohl runde als auch elliptische Beeren. Aus diesem Grund sind in den Beschreibungen pro Sorte meist zwei oder mehrere Formtypen angegeben, innerhalb derer aber oft auch fließende Übergänge beobachtet werden können. Trotz der teils hohen Variabilität ist das Formenspektrum mehr oder weniger sortenspezifisch. Weitere ergänzende sortenspezifische Ausprägungen, welche die Fruchtform betreffen, sind eine allfällige Asymmetrie der Form («schief») und der Formverlauf an Kelch und Fruchtbasis («abgeplattet» oder «zulaufend», siehe Abb. 2).

Anzahl Früchte pro Stiel

Stachelbeerenfrüchte sitzen bei der europäischen Stachelbeere einzeln oder zu zweit an den Stielen, wobei dies innerhalb eines einzelnen Strauches variieren kann. Bei amerikanischen Stachelbeerenarten und davon abgeleiteten Sorten sind es teilweise bis zu vier Früchte an einem Stiel. Die Fruchtzahl pro Fruchtstand korreliert meist mit der Anzahl Blüten

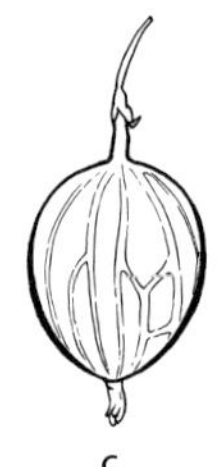

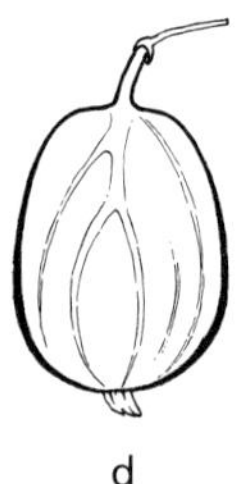

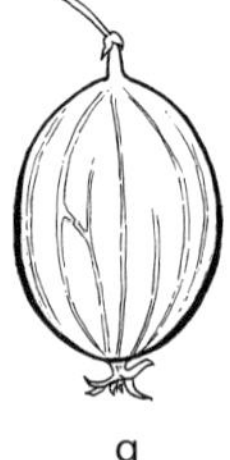

Abb. 2: Fruchtformen a = birnenförmig (mit zulaufender Fruchtbasis), b = verkehrt eiförmig und schief, c = eiförmig, d = walzenförmig, e = rund, f = abgeplattet rundlich, g = elliptisch, h = rundlich und an der Basis abgeplattet

pro Stiel, weshalb darauf verzichtet wurde, immer beide Merkmale in den Beschreibungen aufzuführen.

Länge des Fruchtstiels und der Fruchtbasis

Was der unbedarfte Beobachter bei einer Stachelbeere aufgrund naheliegender praktischer und visueller Gründe als Stiel der Frucht bezeichnen würde, ist in Wirklichkeit eine Kombination aus zwei anatomisch unterschiedlichen Pflanzenteilen: dem Fruchtstiel und einer mehr oder weniger stark verlängerten Fruchtbasis (siehe Abb. 3). Der eigentliche Fruchtstiel entspricht dem Blütenstiel, er ist damit also schon vor Beginn der sichtbaren Fruchtentwicklung vorhanden. Er entspricht entwicklungsgeschichtlich einem umgewandelten Sprossabschnitt, welcher den Blütenstand bildet. Die Verlängerung der Fruchtbasis hingegen ist Teil der eigentlichen Beere und physiologisch stufenlos mit dieser verbunden. Sie bildet sich erst allmählich während des Wachstums des Fruchtknotens zur reifen Beere heraus. Die Länge des Fruchtstiels und die Länge der Fruchtbasis korrelieren nicht naturgemäß miteinander, weshalb sie in den Beschreibungen als getrennte Merkmale behandelt werden. Eine allfällige statistische Korrelation bei den Kulturformen ist der gezielten Züchtung auf eine möglichst große Gesamtlänge beider Teile im Sinn einer besseren Pflückbarkeit zu verdanken. Beide Merkmale schwanken bei derselben Sorte und besonders auch innerhalb derselben Pflanze ziemlich stark.

Festigkeit und Dicke der Schale

Die Schale ist die äußerste Fruchtschicht der Stachelbeere, sie wird botanisch auch als Exokarp bezeichnet. Sie setzt sich zusammen aus der Epidermis und der Hypodermis. Die sehr dünne Epidermis wird durch die äußersten Zellschichten gebildet, sie ist verhältnismäßig dicht- und kleinzellig und bildet die **Fruchthaut** im engeren Sinn. Darunter liegt die dickere Hypodermis, eine Schicht aus etwas größeren und auch etwas saftigeren Zellen, einwärts im fließenden Übergang zum Fruchtfleisch. An der inneren Grenze der Hypodermis liegt ein peripheres Netz aus Leitgefäßen, welches als Aderung von außen mehr oder weniger gut sichtbar ist. Während die Zähigkeit der Schale vor allem durch die Beschaffenheit der Epidermis, also der äußersten Haut bestimmt wird, ist bei der Festigkeit auch die Dicke und Struktur der darunter liegenden Hypodermis entscheidend. Die Festigkeit der Schale wurde hier während der Degustation qualitativ erhoben, nicht mit einem Penetrometer (Eindringwiderstandsmesser). Die Angaben in den Beschreibungen sagen also mehr über die Kaufestigkeit der gesamten Schale als nur über die Stichfestigkeit der Haut aus. Ergänzend werden zum Geschmack der Frucht auch Angaben gemacht, wenn die Haut degustativ als besonders zäh aufgefallen ist.

Abb. 3: Verschiedene Ausprägungen von Fruchtstiel und Verlängerung der Fruchtbasis
a = langer Stiel/mittlere Fruchtbasis, b = mittlerer Stiel/lange Fruchtbasis, c = kurzer Stiel/kurze Fruchtbasis

Farbe

Keine andere Kulturbeerenart zeigt eine so große Farbenvielfalt bei den Früchten wie die Stachelbeere (siehe Abb. 4). Den nuancierten Farbenreichtum angemessen in Worte und Klassen zu fassen, erscheint als große, beinahe zum Scheitern verurteilte Herausforderung. Aus diesem Grund wurde von einer strikten Vereinfachung des Vokabulars abgesehen. Die Autoren bedienen sich also teils einer bildhaften Sprache statt einer strikt wissenschaftlichen. Die Färbung der Beere durchläuft während des Reifungsprozesses einen mehr oder weniger starken Wandel mit kontrastreichen Übergängen, welcher mit den vereinfachten UPOV-Kriterien nicht beschrieben werden kann. Zudem kommt es auf der sonnenzugewandten Seite im Lauf der Reife oft zu mehr oder weniger ausgeprägten fleckigen Verfärbungen («Marmorierungen», siehe Abb. 5). Dieses komplexe Farbenspiel ist teils sortentypisch und wird deshalb in den vorliegenden Beschreibungen bewusst und gezielt einbezogen. Bei der Farbbeurteilung im Freiland haben die großräumige und auch die lokale Lichtqualität einen nicht zu vernachlässigenden Einfluss, besonders wenn wir uns in den Nuancen im Bereich gelb-grün-weiß bewegen. Beispielsweise zeigt durch Vegetation oder Wolken erzeugtes Schattenlicht einen hohen Blauanteil und direktes Licht der Abendsonne einen stärkeren Gelbanteil als das Licht der Mittagssonne.

Die Farbe der Schale wird primär durch die Einlagerung von Carotinen und Anthocyanen in die Beerenhaut gebildet. Zudem wird die Färbung beeinflusst durch die Transparenz

Abb. 4: **Farbenvielfalt der Stachelbeeren**

der Beerenschale und die Farbe des darunter liegenden Fruchtfleisches sowie allfällige Bereifung und Flaumbehaarung der Beerenhaut.

Aderung und Atmungsflecke

Die «Aderung» der Stachelbeere ist eigentlich bei allen Sorten vorhanden (siehe Abb. 5), ihre Sichtbarkeit von außen bei der intakten Frucht hängt aber von der Färbung der Haut (und damit der Reife) und der Dicke der ganzen Schale ab. Sie ist von zwei bis drei Hauptadern ausgehend je nach Sorte mehr oder weniger stark verzweigt. Die Aderung wird anatomisch durch Leitgefäße gebildet, welche sich nahe der Oberfläche durch das Fruchtfleisch (Mesokarp) ziehen und die Beere mit Wasser und verschiedenen Nährstoffen versorgen. Zum Fruchtinneren hin sind diese Leitgefäße über dünne Stränge mit den Samen verbunden, wodurch Letztere direkt mit den nötigen Nährstoffen versorgt werden können. Auch Epidermis und Hypodermis als Teil der Schale sind über inter- und intrazelluläre Transportmechanismen im Stoffaustausch mit diesen Leitgefäßen.

Entlang der Adern finden sich Spaltzellen (Stomata), welche in Abhängigkeit des Stoffwechselstatus geschlossen oder geöffnet werden können für den Gasaustausch mit der Umgebung. Größe und Farbe dieser «Atmungsflecke» sowie ihre Anzahl und Verteilung entlang der Adern sind sortentypisch.

Drüsenborstenbehaarung

Die auffälligen «Haare» oder scheinbaren «Borsten» vieler Stachelbeerenfrüchte sind nicht stechend kratzende Borsten aus totem Material, sondern weiche, drüsige Borstenhaare aus lebendigen Epidermiszellen (siehe Abb. 6). Das Auftreten, die Dichte und die Verteilung dieser Borstenhaare sind sortenspezifisch, wobei aber die Borstenzahl innerhalb derselben Sorte, von Jahr zu Jahr und selbst am selben Strauch manchmal einiger Variation unterliegt. Die Borstenhaare sind als kürzere und dünnere Drüsenhaare bereits am Fruchtknoten im Blütenstadium zu erkennen. Die endständigen Drüsenköpfchen enthalten wahrscheinlich kein ätherisches Öl, sie sind jedenfalls für den Menschen geruchlos. Über den biologischen Zweck konnten wir keine Information finden, oft dienen solche Drüsen in der Natur aber dem Anlocken von Ameisen als Schutz vor Schädlingen. Die Farbe des Drüsenköpfchens weicht bei manchen Sorten von derjenigen des restlichen Borstenhaares ab, sie kann deshalb als zusätzliches Merkmal hinzugezogen werden.

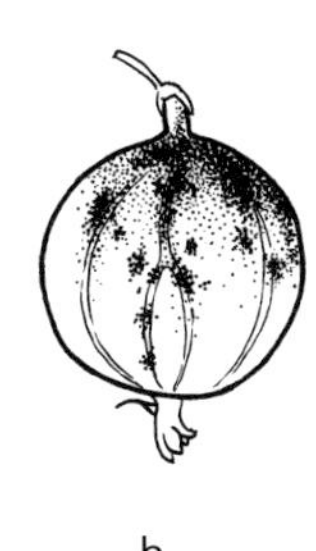

Abb. 5: Fruchtmerkmale
a = Atmungsflecke (Stomata), b = Marmorierung auf der sonnenzugewandten Seite, c = Aderung, d = Fruchtquerschnitt

Flaumbehaarung

Weniger auffällig als die Borstenbehaarung ist die weißliche, viel feinere und viel kürzere Flaumbehaarung. Die einzelnen Haare sind mit bloßem Auge schlecht erkennbar, weshalb sich zur Betrachtung eine Lupe empfiehlt. Bei mittlerer bis starker Ausprägung ist die Behaarung ohne optische Hilfsmittel als deutlicher Flaum erkennbar, die Frucht fühlt sich leicht filzig an (siehe Abb. 6 b). Auftreten und Intensität der Flaumbehaarung korrelieren nicht mit der Borstenbehaarung, sie sind ein sortentypisches Merkmal. Manche Früchte scheinen auf den ersten Blick absolut frei von Flaumhaaren, aber fast alle zeigen zumindest am Fruchtansatz und zum Fruchtkelch hin an der Spitze einen minimalen Besatz mit einzelnen Flaumhärchen. Auch die Flaumbehaarung ist bereits am Fruchtknoten im Blütenstadium zu erkennen. Sie ist je nach Sorte etwas unterschiedlich lang und mehr oder weniger kraus, eher abstehend oder stärker anliegend. Auf solch feine Unterschiede wird aber in den Sortenbeschreibungen nicht eingegangen.

Abb. 6: Oberflächenstruktur der Frucht
a = kahl (glatt, ohne Flaum- und Borstenhaare)
b = Flaumbehaarung (dicht)
c = Drüsenborstenbehaarung (mittlere Dichte)

Bereifung

Die Epidermis, also die äußerste Zellschicht der Beere, ist mit einer dünnen Wachsschicht überzogen, der Cuticula. Sie dient als Verdunstungsschutz und wahrscheinlich auch als Schutz vor Sonnenbrand. Ist diese Schicht ausgeprägt, kann man sie gut von bloßem Auge als homogene, gräuliche Bereifung erkennen, welche leicht abzuwischen ist. Die von der europäischen Stachelbeere abstammenden Sorten zeigen keine sichtbare oder höchstens eine schwache Bereifung. Die rein amerikanischen Stachelbeerenarten zeigen eine stark ausgeprägte Bereifung, während die Hybridsorten meist in der Mitte der Extreme liegen.

Aroma und Geschmack

Das Aroma beinhaltet alle flüchtigen Bestandteile, welche wir mit der Nase direkt oder indirekt über den Rachen wahrnehmen können. Bei der Degustation von Stachelbeeren werden die Aromastoffe indirekt über den Rachenraum in die Nase transportiert, die intakte Beere verströmt keinen Duft. Unter **Geschmack** im engeren Sinn werden allgemein nur Sinneseindrücke geführt, welche im Mund auch mit zugehaltener

Nase wahrgenommen werden können. Dazu zählen süß, sauer, salzig, bitter und umami. Bei der Geschmacksbeurteilung von Stachelbeeren stehen die Intensität des Aromas sowie Süße und Säure im Vordergrund. Vereinzelt finden sich auch Hinweise zu Auffälligkeiten bei der Konsistenz der Schale oder des Fruchtfleisches und zur Aromenqualität. Die Beurteilung von Aroma und Geschmack erfolgt zu Beginn der Vollreife und vorzugsweise bei Temperaturen um 25 Grad Celsius. Gegen Ende der Reife sowie bei großer Hitze und Trockenheit werden die meisten Sorten fade und teilweise auch gärig.

Wuchs der Pflanze

Die Stachelbeeren sind verholzende, strauchig verzweigte Pflanzen, welche auch aus Knospen an der Stockbasis austreiben können. Die Wuchscharakteristik ist bis zu einem gewissen Grad sortenspezifisch, wird aber auch durch die Kulturführung maßgeblich beeinflusst. Stachelbeerensträucher sollten aus verschiedenen Gründen regelmäßig geschnitten werden: Die Erziehungsmaßnahmen lenken den Ertrag, verbessern die Pflückbarkeit der Früchte und fördern die Gesundheit und Regenerationsfähigkeit der Pflanzen. Sie verfälschen aber auch die sorteneigenen Wuchseigenschaften und den Habitus. Würde der Schnitt für die Sortenbeschreibungen in den Beerensammlungen jedoch ganz weggelassen, hätte dies wiederum Einfluss auf die agronomischen Eigenschaften und die Fruchtqualität, welche ebenfalls Teil der Beschreibungen sind. Aufgrund dieser gegenläufigen Aspekte wurde hier ein Kompromiss mit einem weitgehend standardisierten Minimalschnitt in Straucherziehung gewählt. Für die Beschreibungen wurden alle Wuchseigenschaften nach Abschluss des saisonalen Sprosswachstums vor dem Schnitt beurteilt, also im Stadium der Winterruhe.

Wuchsstärke

Die Wuchsstärke wurde qualitativ erhoben. Sie ließe sich, mit erheblichem Aufwand, auch quantitativ annähern mit dem totalen jährlichen Zuwachs an neuer Sprossmasse in Relation zur bestehenden Holzmasse. Die Wuchsstärke ist ein relativ plastisches Merkmal und hängt auch stark von der Versorgung der Pflanzen mit Wasser und Nährstoffen ab. Zudem können versteckte Krankheiten oder Schadorganismen im Wurzel-

a

b

c

Abb. 7: Haupt-Wuchsformen
a = breitwüchsig, b = halb aufrecht, c = aufrecht

bereich die Wuchsstärke vermindern, oft bevor offensichtliche Symptome zutage treten.

Wuchsdichte

Die Wuchsdichte wurde qualitativ erhoben. Mit der Wuchsdichte wird die Anzahl Haupt- und Seitentriebe pro Raumeinheit beschrieben. Stark verzweigende Sorten neigen zu einer höheren Wuchsdichte, besonders wenn sie zugleich stark wachsend sind. Zudem neigen aufrechtere Sorten zu dichterem Wuchs, da die Gerüstäste hier näher beieinanderstehen. Auch die Wuchsdichte wird vorzugsweise nach dem Blattfall vor dem Schnitt beobachtet. Sie wirkt sich auf die Erntearbeit aus: Ein lockerer Wuchs erlaubt den manuellen Zugang zu den meisten Regionen des Strauches ohne intensive Schnittbemühungen. Bei dichtem Wuchs ohne Schnitterziehung ist eine Ernte fast unmöglich, besonders bei stark bedornten Sorten.

Wuchsform

Die effektive Wuchsform ist sortenspezifisch und hängt zugleich stark von der Kulturführung ab. Eine gute Erziehung der Sträucher durch jährlichen Schnitt hat eine lockere, ausgeglichene Wuchsform zum Ziel. Folglich werden in Kulturen üblicherweise Sorten, die zu **aufrechtem** oder **breitem** Wuchs tendieren, weitestmöglich zu **halb aufrechten** Strauchformen umerzogen. Eine unverfälschte Beurteilung der Wuchsform ist daher bei einer Erziehung nach Lehrbuch fast unmöglich. Die Ausprägung der Wuchsform ist am besten in völlig laublosem Zustand zu erkennen (siehe Abb. 7).

Bildung von Basistrieben

Mit dem Ausmaß der Bildung von Basistrieben wird die Neigung zum Austrieb aus dem untersten Sprossbereich im Übergang zu den Wurzeln beschrieben («Stockausschlag»). Die qualitativen Ausprägungsstufen beziehen sich dabei auf die Anzahl pro Vegetationsperiode gebildeter Triebe. Die Bildung von Basistrieben ist bis zu einem gewissen Grad sortenspezifisch, hängt aber auch von der Schnittpraxis ab: Ein starker Rückschnitt führt tendenziell zu stärkerem Austrieb aus der Basis. Allgemein nimmt mit steigendem Alter und der damit einhergehenden Verholzung die basale Regenerationsfähigkeit des Strauches ab. Wenige Basistriebe führen tendenziell zu einem lockereren Wuchs, während viele Basistriebe die Wuchsdichte erhöhen.

Abb. 8: Bedornung und Bestachelung
a = einfache Bedornung, zur Spitze hin unbedornt, b = Dreifachbedornung,
c = ein- bis dreifache Bedornung, d = einfache Bedornung, e = einjähriger Basistrieb mit Dornen und Stachelborsten

Einjähriger Trieb und Bedornung

Die folgenden Merkmale wurden an Seitentrieben nach einer abgeschlossenen Wachstumsperiode am ausgereiften «einjährigen» Holz erhoben. Die Bedornung besteht entwicklungsgeschichtlich aus umgewandelten Nebenblättern, weshalb sie anatomisch immer mit Blattachseln assoziiert und mit dem Spross verbunden sind. Die Bezeichnung «Stacheln» ist deshalb botanisch falsch, da solche per Definition als Auswüchse aus dem Rindengewebe beziehungsweise der Epidermis gebildet werden und nicht wie Dornen aus umgewandelten Organen. Neben den Dornen finden sich bei gewissen Sorten vor allem am Grund der Basistriebe auch echte Stacheln respektive Stachelborsten. Diese sind jedoch deutlich schlanker und nicht auf die Blattachseln beschränkt. Alle Merkmale am einjährigen Trieb sind zwar relativ aussagekräftig, variieren aber dennoch relativ stark innerhalb einer Pflanze. Deshalb sollten immer mehrere Triebe pro Pflanze beobachtet werden.

Stellung

Dieses Wuchsmerkmal bezieht sich auf die von Gerüsttrieben abgehenden Seitentriebe. Der obere Winkel zwischen Haupttrieb und Seitentrieb beträgt bei **waagerecht** stehenden Seitentrieben annähernd 90°, bei **halb aufrecht** stehenden ungefähr 45° bis 60° und bei **aufrecht** stehenden weniger als 40°. Meist kann ein kategorienübergreifendes Spektrum beobachtet werden, die Übergänge innerhalb eines Strauches und sogar eines Haupttriebes sind fließend. Bei fast allen Sorten mit annähernd waagerecht abstehenden Seitentrieben sind auch ähnlich viele halb aufrechte zu beobachten.

Biegung

Die Biegung der einjährigen Seitentriebe beeinflusst wie auch die Seitentriebstellung die Gesamtgestalt des Strauches und die Pflückbarkeit der Früchte. Die Triebe können in Bezug auf die Hauptwuchsrichtung aufwärts- oder abwärtsgerichtet beziehungsweise einwärtsgerichtet oder vom Hauptast nach außen gebogen sein. Bei nach außen gebogenen Trieben werden je nach Wuchskraft und Stellung der Gerüstäste auch die Begriffe «bogig abstehend» bis «bogig überhängend» verwendet.

Dichte der Bedornung

Die Dichte der Bedornung wurde qualitativ erhoben. Sie wird quantitativ durch die Anzahl der Dornenansatzstellen pro Trieblänge definiert. Je geringer der Abstand zwischen den Knospen ausfällt, also je kürzer die Internodien sind, desto dichter steht die Bedornung.

Anzahl Dornen im oberen Zweigdrittel

Die Dichte der Bedornung ist bei vielen Sorten vom Triebansatz bis zur Triebspitze nicht gleichmäßig verteilt. Oft nimmt die Dornenzahl zum Triebende hin ab, zudem werden die Dornen schwächer und kürzer. Bei manchen Sorten werden im oberen Zweigdrittel gar keine Dornen ausgebildet.

Zähligkeit der Dornen

Pro Dornenansatzstelle werden einzelne oder auch zwei bis drei Teildornen ausgebildet. Je nach Sorte sind die verschiedenen Dornenzahltypen in unterschiedlichen Verhältnissen über die Pflanze verteilt und bilden dadurch ein wichtiges und recht konstantes Unterscheidungsmerkmal. Bei den meisten Sorten finden sich an einem Trieb mehrere oder alle Dornentypen, manche Sorten bilden nur Einzeldornen, andere wiederum nur Dreifachdornen aus. Bei den alten Sorten überwiegen die Zweifachdornen interessanterweise nur sehr selten. Beispiele: Wenige **Einzeldornen** heißt, höchstens ein Viertel aller Dornen sind einfach ausgebildet. Eine mittlere Anzahl **Zweifachdornen** heißt, ein Drittel bis die Hälfte aller Dornen sind zweifach. Viele **Dreifachdornen** heißt, zwei Drittel bis alle Dornen sind dreifach ausgebildet.

Jungtrieb

Der Austrieb und das junge Blatt zeigen bei vielen Sorten typische Merkmale, welche jedoch nur über einen sehr kurzen Zeitraum und mit entsprechender Beschreibungserfahrung beurteilt werden können. Die Beobachtungen am diesjährigen Jungtrieb nach dem Knospenaufbruch im Frühjahr sollten spätestens dann abgeschlossen sein, wenn die ersten zwei bis drei Blätter entfaltet sind. Austriebe aus der Stockbasis sowie an stark zurückgeschnittenen Jahrestrieben sind von der Beurteilung auszuschließen, da sie oft eine abweichende Merkmalsausprägung aufweisen.

Stärke der Anthocyanfärbung

Die Intensität der Anthocyanfärbung lässt sich qualitativ am besten kurz nach dem Knospenaufbruch beobachten, wenn die jungen Blätter sich gerade zu entfalten beginnen (siehe Abb. 9). Die Färbung ist in diesem Stadium besonders zu den Blattspitzen hin je nach Sorte unterschiedlich stark ausgeprägt, bei manchen Sorten fehlt sie sogar ganz. Die Tönung reicht je nach Sorte und Grünfärbung des jungen Laubes von Bräunlichrot über Purpurbraun bis zu Braunviolett, der Farbton wurde jedoch im vorliegenden Werk nicht systematisch

Abb. 9: Anthocyanfärbung des Austriebs
a = fehlend, b = schwach, c = mittel, d = stark

beurteilt. Bei zunehmender Blattentfaltung schwächt sich die Intensität der Anthocyanfärbung rasch ab und ist nicht mehr beurteilbar. In der weiteren Blattentwicklung kommt es unter dem Einfluss von Sonnenlicht häufig zu neuen, sekundären Anthocyanfärbungen des Jungtriebes.

Grünfärbung des jungen Blattes

Die Grünfärbung der noch im Wachstum befindlichen Blätter wird idealerweise bald nach dem Austrieb erhoben, da sonst der Kontrast zur Grünfärbung der bereits ausgewachsenen Blätter vom Beobachter zu stark gewichtet wird. Bei einer zu frühen Erhebung stört hingegen eine allfällig vorhandene Anthocyanfärbung die Beurteilung. Das Merkmal wird qualitativ erhoben. Die Erarbeitung einer quantitativ gestuften Skala mithilfe eines optischen Blattstickstoff-Messgeräts wäre aber denkbar, da der N-Wert bei dieser Methode über den Chlorophyllgehalt genähert wird. In den Beschreibungen werden nur Abweichungen vom Mittelwert angegeben, also auffallend hell- oder dunkelgrüne Ausprägungen.

Sommerblatt

Die Stachelbeeren stellen ihr Wachstum bereits im Frühsommer ein. Da später die Gefahr von Blattinfektionen rasch steigt, empfiehlt sich eine Beobachtung der ausgewachsenen Blätter zwei Wochen vor der Sommersonnenwende. Während Grünfärbung und Glanz innerhalb desselben Strauches relativ homogen sind, finden sich bei der Form der Blattbasis meist mehrere Ausprägungsstufen innerhalb einer Sorte beziehungsweise Pflanze. Insgesamt sind die Merkmale des Sommerblattes recht variabel und für die Sortenbeschreibungen nur in Einzelfällen aussagekräftig.

Grünfärbung

Die Grünfärbung des Sommerblattes wird qualitativ an ausgewachsenen Blättern bei gleichmäßig flachem Licht beurteilt (Schichtbewölkung). Beobachtet wird dabei nicht der Farbton, sondern die Dunkelstufe. In den Beschreibungen werden nur Hinweise zu Abweichungen von Mittelgrün angegeben, also auffallend hell- oder dunkelgrüne Ausprägungen des Sommerlaubes. Eine gute Pflanzengesundheit ist für die Erhebung dieses Merkmals zwingend, da Nährstoffmangel rasch zu veränderter Grünfärbung führt. Bei Stickstoffmangel bespielweise würden die Blätter dunkellaubiger Sorten dann fälschlicherweise als hellgrün bezeichnet.

Glanz

Der Glanz des Sommerblattes sollte an ausgewachsenen und ausgereiften Blättern bei gleichmäßigen Lichtverhältnissen beurteilt werden. Sonnenschein intensiviert den Glanz, während beschattete Blätter matter wirken. Nicht selten korrelieren Grünfärbung und Glanz der Sommerblätter: Stark glänzende Blätter sind meist dunkelgrün, während eher matte Blätter oft bei den Sorten mit hellgrünen Blättern zu finden sind. Die Behaarung der Blattoberseite hat einen entscheidenden Einfluss auf den Glanzeffekt: Besonders matte Blätter sind meist fein, aber ziemlich dicht behaart, während stark glänzende oberseits kahl sind. In den Beschreibungen wurden nur Hinweise auf den Blattglanz vermerkt, wenn dieser vom Durchschnitt abweicht, also bei Sorten mit auffällig schwach oder stark glänzendem Laub.

Form der Basis

Die Form der Blattbasis am diesjährigen Trieb variiert von der Triebbasis bis zur Triebspitze oft stark, sie sollte deshalb immer im obersten Zweigdrittel beobachtet werden. Von einer **gebuchteten** Blattbasis sprechen wir, wenn sich zwischen Blattstiel und Blattspreiten-Unterrand zwei «Buchten» bilden (siehe Abb. 10 b). Zudem finden sich **gerade** («abgestutzte») oder **keilförmige** Blattbasen. Oft finden sich pro Strauch mehrere Ausprägungen und Zwischenformen, die Aussagekraft des Merkmals ist also beschränkt. Aufgrund der hohen Varianz dieses Merkmals sind bei den meisten Sorten mehrere Ausprägungsstufen angegeben.

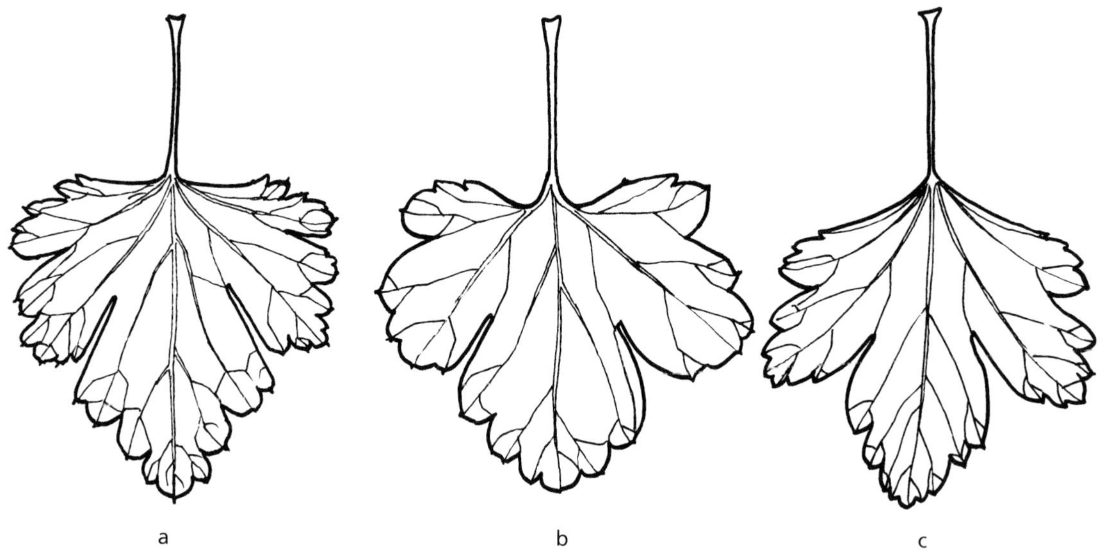

Abb. 10: **Form der Blattspreitenbasis**
a = gerade, b = gebuchtet, c = keilförmig

Blüte

Die Blütenmerkmale sollten in Vollblüte und an einer größeren Anzahl Blüten an gut entwickelten Trieben erhoben werden. Mit Ausnahme der Anthocyanfärbung der Kelchblätter sind die meisten Blütenmerkmale für die Sortenbeschreibungen von untergeordneter Bedeutung.

Blütengröße

Der Blütendurchmesser entspricht der größtmöglichen Distanz von Kelchblattspitze zu Kelchblattspitze bei vollgespreizten Kelchblättern. Als «klein» gelten Blüten, wenn ihr Durchmesser weniger als 11,5 mm beträgt, als «mittel» bei einem Durchmesser von 11,5–13 mm und als «groß» bei über 13,5 mm. Die Blütengröße variiert aber je nach phänologischem Stadium und je nach Lage innerhalb des Strauches meist ziemlich stark.

Anthocyanfärbung der Kelchblätter

Die Intensität der Anthocyanfärbung der Blüten wird qualitativ aufgrund der Rotfärbung der Kelchblatt-Oberseiten erhoben (siehe Abb. 11). Für die Beurteilung dürfen nur gut und voll entwickelte Blüten mit radförmig ausgebreiteten Kelchblattzipfeln herangezogen werden, da sich die Intensität der Anthocyanfärbung beim Auf- und Abblühen rasch verändert und entsprechend variiert.

Anthocyanfärbung des Fruchtknotens

Die Anthocyanfärbung des Fruchtknotens äußert sich als unscharf begrenzte, je nach Sonnenexposition heterogen über den Fruchtknoten verteilte, rötlich braune Überfärbung. Diese Überfärbung ist im Unterschied zur Anthocyanfärbung des jungen Austriebs und Blattes nicht bereits im Knospenstadium angelegt und verändert sich kurz nach der Befruchtung. Das Merkmal wurde qualitativ erhoben und ist in den Beschreibungen nur erwähnt, wenn die Ausprägung deutlich vom Mittel oder von der Färbung der Kelchblätter abweicht. Die Färbung schwankt bei vielen Sorten je nach Jahr und Sonnenexposition des Strauches beziehungsweise der einzelnen Blüten stark, weshalb dem Merkmal nicht zu viel Bedeutung beigemessen werden sollte.

Drüsenborstenhärchen

Die Anzahl Drüsenborstenhärchen auf dem Fruchtknoten korreliert stark mit der Anzahl Borstenhaare der ausgewachsenen Frucht, weshalb das Merkmal hier nicht systematisch erhoben worden ist. Aussagekräftiger ist die Färbung des Drüsenköpfchens, denn diese weicht häufig von der Farbe des Borstenhaares ab. Entsprechende Beobachtungen sind punktuell aufgeführt.

Flaumbehaarung

Wie die Anzahl der Drüsenborstenhärchen korreliert auch die Flaumbehaarung auf dem Fruchtknoten stark mit der Behaarung der reifen Frucht und wird deshalb nicht zusätzlich aufgeführt.

Abb. 11: Anthocyanfärbung der Kelchblätter
a = fehlend bis sehr schwach, b = schwach, c = mittel bis stark, d = stark

Anfälligkeiten

Alle Anfälligkeiten wurden qualitativ erhoben. Die Angaben in den Sortenbeschreibungen sind mit Vorsicht zu genießen, denn eigentlich sind für eine repräsentative Erhebung umfassendere agronomische Anbauversuche an mehreren Standorten und mit einem wissenschaftlichen Versuchsaufbau nötig.

Amerikanischer Stachelbeermehltau

Die Anfälligkeit für Amerikanischen Stachelbeermehltau ist einerseits sortenspezifisch, andererseits wird sie aber auch stark durch die Pflegemaßnahmen, den Standort und die Jahreswitterung beeinflusst. Praktisch alle Sorten, welche von der europäischen Stachelbeere *Ribes uva-crispa* abstammen, sind anfällig für diese Pilzkrankheit, viele sogar stark. Werden keine Pflegemaßnahmen ergriffen, ist meist mit einem untragbaren Befall der Pflanze und der Früchte zu rechnen. Sorten, welche von amerikanischen Arten abstammen, sind wenig anfällig bis fast resistent. Hybridsorten mit Anteilen von amerikanischen und europäischen Erbanlagen sind im Normalfall schwach bis mäßig anfällig, die Früchte bleiben meist verschont.

Blattfallkrankheit

Die Blattfallkrankheit wird durch den Pilz *Drepanopeziza ribis* ausgelöst und äußert sich in dunkelbrauner Punktierung oder feiner Fleckung auf den Blättern. Diese vergilben allmählich und fallen in der Folge ab. Stark anfällige Sorten verlieren im Hochsommer im Verlauf weniger Wochen das komplette Laub, wenn die meteorologischen Bedingungen für den Pilz ideal sind. Bei mäßig anfälligen Sorten ist der Befall zwar deutlich sichtbar, aber der Blattfall erfolgt nicht so rasch und umfassend. Bei schwach anfälligen Sorten entwickelt sich ein leichter Befall nur bei günstigen Umweltbedingungen oder bleibt sogar ganz aus. Für gut ernährte Sträucher stellt die Krankheit üblicherweise kein gravierendes Problem dar.

Neigung zum Platzen

Bei starken Regenfällen und hoher Bodenfeuchtigkeit kommt es zu einem Anstieg des Wasserdrucks innerhalb der Pflanze. Bei Sorten mit hoher Platzneigung führt dies zu einem Überdruck in den Beeren, welcher ein Einreißen der Fruchthaut zur Folge haben kann.

Neigung zu Sonnenbrand

Sonnenbrand tritt häufig in vollsonnigen Lagen an bewölkungsfreien Hitzetagen auf. Er äußert sich durch milchig trübe, entfärbte, scharf begrenzte Flecke auf der Beerenhaut. Betroffene Früchte werden rasch gärig und fallen später oft vom Strauch, was zu großen Ernteverlusten führen kann. Anfällige Sorten sollten im Halbschatten gepflanzt und nicht allzu stark ausgelichtet werden.

Abb. 12: Von Amerikanischem Stachelbeermehltau befallene Früchte

Die Sortenbeschreibungen

Anmerkungen zu den Sortenbeschreibungen und kurzer Ausblick

Die porträtierten hundert Stachelbeerensorten geben uns eine Vorstellung von der noch vorhandenen Vielfalt. Wir haben uns bei der Auswahl auf diejenigen Sorten beschränkt, die sich aufgrund unserer Beobachtungen über die Jahre morphologisch und phänologisch mehr oder weniger deutlich voneinander unterscheiden, unabhängig von ihrem heutigen Anbauwert. Die Beschreibungen widerspiegeln unseren aktuellen Kenntnisstand und sind mit der Drucklegung dieser Arbeit längst nicht abgeschlossen. Auch nach langjähriger Beobachtung kennen wir viele Sorten erst ansatzweise und wissen nur wenig über ihre Anbaueignung an verschiedenen Standorten. Noch immer können wir viele namenlose Herkünfte nicht identifizieren und einige Sortenbestimmungen bleiben unsicher.

Die Unsicherheiten in der pomologischen Arbeit mögen teilweise an der insgesamt doch vergleichsweise kurzen Beobachtungszeit liegen, in welcher die standortbedingte und jahresabhängige Merkmalsvariabilität nur begrenzt abgebildet werden kann. Möglicherweise enthält unsere Sammlung auch einzelne unbeschriebene Sämlinge oder unbeachtete somatische Mutationen, sogenannte Sports, wie sie immer wieder in Stachelbeerenkulturen auftreten, aber nie Eingang in die Literatur gefunden haben. Vor allem aber sind die historischen Sortenbeschreibungen und Abbildungen oft viel zu knapp oder nicht so aussagekräftig, wie sie den Anschein erwecken. Abweichungen und Missverständnisse waren früher schon an der Tagesordnung, und es ist nicht auszuschließen, dass es da und dort zur Verzerrung oder Idealisierung von Beschreibungen gekommen ist. Hinzu kommen Verwechslungen bei der Vermehrung und Verbreitung von Sorten, was zu Handelssynonymen und in der Folge wiederum zu Fehlbeschreibungen führte. Sind Pflanzen oder Beschreibungen erst einmal längere Zeit unter falschem Namen im Umlauf, ist das pomologische Chaos unvermeidbar und eine Zuordnung zu einer historischen Sorte kaum mehr möglich. Dies alles erschwert die Bestimmungs- und Erhaltungsarbeit auf wissenschaftlicher Grundlage und vieles ist Interpretation oder Spekulation. So bleibt uns häufig nur noch die Einschätzung, ob ein angegebener Sortenname plausibel, zweifelhaft oder offensichtlich falsch ist.

Dass wir uns trotz diesen Schwierigkeiten dazu entschlossen haben, den vorläufigen Stand unserer Kenntnisse zu präsentieren, ist vor dem Hintergrund der rasanten Abnahme der Sortenvielfalt zu sehen. Wir möchten vermeiden, dass wertvolle Sorten für immer verloren gehen, bevor wir sie wirklich kennen. Gleichzeitig möchten wir dazu beitragen, dass weitere interessante Sorten inner- und außerhalb von Sammlungen erkannt und abgesichert werden können. Dies gilt nicht nur für Sorten mit bereits bekannten, jedoch bestätigungsbedürftigen Namen, sondern auch für die noch vorhandenen namenlosen Bestände in unseren Gärten. Die vorliegenden Sortenbeschreibungen beinhalten deshalb neben Herkünften mit einigermaßen gesicherten Sortennamen auch Typen mit unsicherem oder gar zweifelhaftem Namen sowie verschiedene gut charakterisierte, morphologisch eigenständige, namenlose Sorten. **Zweifelhafte Sortennamen sind mit einem in Klammern gesetzten Fragezeichen versehen. Namenlose Sorten sind mit dem letzten uns bekannten Herkunftsort bezeichnet, und diese Arbeitsnamen sind in doppelte Anführungszeichen gesetzt.**

Auch nach dem Erscheinen des vorliegenden Werks geht unsere Beschreibungs- und Bestimmungsarbeit weiter. Noch ausstehend sind beispielsweise die Sichtung und Auswertung der Aquarelle des Stachelbeerenzüchters Eckhard Klocke in der Deutschen Gartenbaubibliothek in Berlin oder der Abgleich unserer Pflanzen mit den Sortenbeständen in anderen europäischen Sammlungen. Große Hoffnungen setzen wir auch in die laufenden molekulargenetischen Abklärungen, welche zu einer Festigung, Differenzierung und allenfalls auch Verschiebung der bisherigen Sortengrenzen führen dürften. Daneben werden wir die bisher erhobenen Merkmale weiterhin aufmerksam auf ihre Aussagekraft und ihre Konstanz überprüfen, verfeinern und, wo nötig, mit zusätzlichen, bisher wenig beachteten Merkmalen ergänzen. Und schließlich führen wir unsere Bemühungen zum Aufbau einer Referenz- und Erhaltungssammlung mit den dokumentierten Sorten weiter. Denn ohne Pflanzen, welche für vergleichende morphologische oder genetische Untersuchungen herangezogen werden können, lassen sich die Sorten kaum sicher beschreiben und abgrenzen. Eine gesicherte Sortenidentität bildet die unverzichtbare Grundlage für den Erhalt dieses wertvollen kulturhistorischen Erbes für kommende Generationen. Und daran arbeiten wir.

Achilles

Beere
Groß, elliptisch. Stiel lang, Fruchtbasis mittel. **Schale ziemlich dick und fest**, zuerst verwaschen hellbraunrot und mit verzweigten rötlichen Adern, später gleichmäßig **dunkelpurpurrot, Aderung fast verschwindend**, mit deutlichen, großen Atmungsflecken. **Oberfläche borstenlos und glatt bis zerstreut flaumig.** Ausgezeichneter, würziger, süß-säuerlicher Geschmack.

Pflanze
Starker, breit ausladender, eher lockerer Wuchs. Mit kräftigen Gerüsttrieben und fast waagerecht abstehenden, **bogig überhängenden Seitentrieben. Jahrestriebe schlank, im Winter auffallend hell, mit wenigen einfachen Dornen, oberstes Triebdrittel unbewehrt. Austrieb und junges Blatt hellgrün, ohne Anthocyanfärbung.** Sommerblätter stark glänzend, **Blattbasis gebuchtet bis gerade. Blüten grünlich gelb, Anthocyanfärbung der Kelchblätter und des Fruchtknotens schwach bis fehlend.**

Phänologie
Austrieb: mittel. Blühbeginn: früh-mittel. **Fruchtreife: spät.**

Anfälligkeiten
Ziemlich stark anfällig für Amerikanischen Stachelbeermehltau, mäßig anfällig für Blattfallkrankheit. Mäßige Platzneigung.

Besondere Eigenschaften
Regelmäßig und reich tragend, transportfest, gleichmäßige Fruchtentwicklung, gute Pflückbarkeit. Attraktive Beere. Strauch dauerhaft.

Herkunft und Verbreitung
Herkunft und Abstammung unsicher. Vermutlich um 1820 von Eckhard Klocke in Deutschland gezüchtet (Wachsmuth 2017). Von Deutschland über die Niederlande nach Schweden eingeführt und von hier aus nach dem 2. Weltkrieg als Massenertragssorte im mittleren und nördlichen Europa verbreitet. Bis heute eine Hauptsorte im Erwerbsanbau.

Anmerkungen
Aufgrund der Sortenbeschreibungen in Blattný et al. 1971, Planckh & Falch 1948, Macherauch 1929, Maurer 1913 sehr ähnlich 'London' (Synonym 'Rote Riesenbeere') und 'Roaring Lion' (Synonym 'Rote Preisbeere'). Möglicherweise handelt es sich bei den beschriebenen Pflanzen nicht um die genannten Sorten, sondern um die ähnliche 'Monstrueuse', welche zu jener Zeit oft als 'Rote Preisbeere' gehandelt wurde.

Albion's Pride (?)

Beere
Groß, elliptisch bis leicht birnenförmig, teilweise nahezu zylindrisch, zum Kelch hin etwas abgeplattet. Stiellänge mittel, **Fruchtbasis verlängert**, etwas fleischig. Schale dick, **oliv-gelbgrün bis gelb, mit ausgeprägter, heller Aderung und auffallenden Atmungsflecken. Oberfläche glatt**, nur mit zerstreuten Flaumhaaren, **borstenlos**. Aromatischer, süß-säuerlicher Geschmack.

Pflanze
Eher starker, **breiter Wuchs. Einjährige Seitentriebe stark bogig überhängend**, bis zur Spitze mittelstark bewehrt. Dornen größtenteils einfach, aber auch einzelne Doppel- und Dreifachdornen vorhanden. Blattglanz eher stark, Blattbasis keilförmig oder gerade. **Blüten meist einzeln, groß**, mit ziemlich starker Anthocyanfärbung.

Phänologie
Austrieb: früh. Blühbeginn: früh-mittel. Fruchtreife: mittel.

Anfälligkeiten
Ziemlich stark anfällig für Amerikanischen Stachelbeermehltau. Schwache Platzneigung.

Besondere Eigenschaften
Mittlerer Ertrag, schöne Beere. Früchte gären bald am Strauch.

Herkunft und Verbreitung
Großbritannien, vor 1827, Abstammung unbekannt. Um 1827 in Deutschland eingeführt und von Frauendorf aus verbreitet.

Anmerkungen
Sortenidentität zweifelhaft. Entgegen den Sortenbeschreibungen in Maurer (1913) Beeren mehr elliptisch, ohne Blattschüppchen und eher dickschalig. Etwas ähnlich 'Grüne Flaschenbeere', doch Beeren mit deutlichem Gelbton.

Bedford Red

Beere
Mittlere Größe, **rundlich**. Stiel eher kurz, **Fruchtbasis deutlich verlängert**. Schale fest, seidenglänzend, zuerst braunrot, dann **wein- bis violettrot**, schwach geadert, mit deutlichen Atmungsflecken. **Oberfläche stark flaumig, mäßig borstig.** Intensiv aromatischer, angenehm süß-säuerlicher Geschmack.

Pflanze
Eher schwacher, halb aufrechter Wuchs. Einjährige Seitentriebe halb aufrecht, mittelstark bewehrt. Dornen ein- bis dreiteilig. Austrieb und junges Blatt mittel- bis dunkelgrün, mäßig rotbraun überlaufen. **Sommerblätter klein, auffallend dunkelgrün, stark glänzend**, Blattbasis schwach gebuchtet oder gerade. Blütengröße mittel. Kelchblätter mit schwacher bis mittlerer, Fruchtknoten mit schwacher Anthocyanfärbung.

Phänologie
Austrieb: früh-mittel. Blühbeginn: mittel-spät. Fruchtreife: mittel-spät.

Anfälligkeiten
Ziemlich stark anfällig für Amerikanischen Stachelbeermehltau. Geringe Platzneigung.

Besondere Eigenschaften
Mittlerer Ertrag, schöne Frucht. Wird als gut geeignet für Grünpflücke und Konservierung beschrieben.

Herkunft und Verbreitung
Großbritannien, 1922, gezüchtet von den Gebrüdern Laxton, Bedford. Abstammung 'Crown Bob' × 'Langley Green'. Verbreitung unbekannt, in Mitteleuropa wohl selten.

Anmerkungen
Ähnlich 'Rote Triumphbeere', aber Beeren kleiner, runder, stärker glänzend und mit stark verlängerter Fruchtbasis, deutlich schwächerer Wuchs.

Bekay

Beere

Groß, elliptisch, auch verkehrt eiförmig oder leicht birnenförmig. Stiel und Fruchtbasis mittel bis lang. Schale fest und etwas dick, anfänglich verwaschen braunrot und mäßig geadert, **in Vollreife durchgehend dunkelweinrot und Aderung kaum sichtbar. Oberfläche stark flaumig behaart, borstenlos.** Mittlerer, in optimalen Jahren aromatischer, süß-säuerlicher Geschmack.

Pflanze

Eher starker, halb aufrechter Wuchs. **Einjährige Seitentriebe halb aufrecht, mittel bewehrt, zum Triebende hin spärlich bedornt.** Dornen eher kurz, vorwiegend Einfachdornen, aber auch Doppel-, seltener Dreifachdornen vorhanden. Austrieb und junges Blatt hell- bis mittelgrün, schwach rotbraun überlaufen. **Sommerblätter hellgrün.** Blüten ziemlich groß, Kelchblätter mit mittlerer Anthocyanfärbung. **Laub im Herbst auffallend gelborange bis rot gefärbt.**

Phänologie

Austrieb: mittel. Blühbeginn: mittel. Fruchtreife: mittel.

Anfälligkeiten

Ziemlich stark anfällig für Amerikanischen Stachelbeermehltau. Geringe Platzneigung.

Besondere Eigenschaften

Guter und regelmäßiger Ertrag. Leicht pflückbar.

Herkunft und Verbreitung

Großbritannien (?), Züchter und Abstammung unbekannt *(Ribes uva-crispa)*, vom Schweizer Pomologen Peter Hauenstein in der Sammlung von Anthony De Freston in England entdeckt. Gelegentlich im Erwerbsanbau, zunehmend empfohlen.

Beste Grüne

Beere

Sehr groß, rundlich bis breit elliptisch, teilweise leicht schief. Stiellänge und Fruchtbasis mittel. Schale **milchig grün**, bei Vollreife mit gelblichem Schein, sonnenwärts rotbraun gepunktet oder marmoriert, **Adern breit und undeutlich**, zusammenlaufend. **Oberfläche deutlich flaumig, borstenlos.** Aromatischer, charakteristischer, süß-säuerlicher Geschmack, Fruchtkonsistenz etwas schwammig.

Pflanze

Eher starker, **breiter Wuchs**. Einjährige Seitentriebe halb aufrecht bis waagerecht abstehend, **schwach bis mäßig bewehrt, Triebspitze meist dornenlos. Dornen kurz, meist einfach**, bisweilen auch zwei- und dreiteilig. Austrieb und junges Blatt deutlich rotbraun überlaufen. **Blüten groß, Kelchblätter mit starker Anthocyanfärbung.**

Phänologie

Austrieb: früh. Blühbeginn: mittel. **Fruchtreife: früh.**

Anfälligkeiten

Stark anfällig für Amerikanischen Stachelbeermehltau. Empfindlich gegen Sonnenbrand. Am Strauch nicht lange haltbar.

Besondere Eigenschaften

Mittlerer bis hoher Ertrag. Gute Pflückbarkeit. Wenig transportfest. Besonders geeignet für die Verarbeitung.

Herkunft und Verbreitung

Großbritannien, vor 1850, gezüchtet von Forster, Abstammung unbekannt *(Ribes uva-crispa)*. Ursprünglich in England, Anfang des 20. Jahrhunderts auch in Deutschland verbreitet.

Andere Sortennamen

Green Overall, Green Over All

Black Velvet

Beere

Sehr klein, rund bis rundlich abgeplattet. Stiel und Fruchtbasis mittel bis sehr lang, Fruchtbasis oft sehr lang. **Schale fest, bei Vollreife dunkelrotviolett bis schwarzviolett, Aderung verschwindend,** mit deutlichen Atmungsflecken. **Oberfläche flaum- und borstenlos, stark bereift.** Geschmack aromatisch, manchmal etwas fade, süß-säuerlich.

Pflanze

Sehr starker, hoher, dichter Wuchs mit vielen langen Basistrieben. Einjährige Seitentriebe halb aufrecht bogig abstehend, **im Winter mit auffallend heller Rinde, mäßig dicht mit scharfen Dornen besetzt, Triebspitze schwach bewehrt.** Dornen größtenteils einfach, nur vereinzelt zwei- und dreifache untergemischt. Sommerblätter groß, Blattbasis gebuchtet. **Blüten meist zu zweit oder zu dritt, klein. Kelchblätter mit mittlerer bis starker, Fruchtknoten mit schwacher Anthocyanfärbung.**

Phänologie

Austrieb: spät. Blühbeginn: mittel-spät. Fruchtreife: mittel-spät.

Anfälligkeiten

Resistent gegen Amerikanischen Stachelbeermehltau. Kein Platzen der Früchte.

Besondere Eigenschaften

Strauch dauerhaft. Fruchtreife etwas folgernd.

Herkunft

Kanada, vor 1945, angeblich 'Red Champagne' × 'Worcesterberry'.

Anmerkungen

Ähnlich 'Worcesterberry', doch deutlich höherer und aufrechterer Wuchs sowie schlankere Jahrestriebe.

Brinio

Beere
Klein bis höchstens mittel, rundlich. Stiellänge mittel, Fruchtbasis eher lang und dünn. Schale fest, **violettrot, bei Vollreife schwarzviolett**, schwach geadert, mit vielen kleinen Atmungsflecken. **Oberfläche flaum- und borstenlos, deutlich bereift. Würzig-aromatisch,** süß-säuerlicher Geschmack.

Pflanze
Sehr starker, hoher, breit ausladender Wuchs, Basistriebe eher spärlich, am Grund mit Stachelborsten. Gerüsttriebe halb aufrecht, mit halb aufrecht und bogig abstehenden Seitentrieben. Jahrestriebe schlank, hell berindet, mäßig bewehrt, **Triebspitzen unbewehrt. Dornen einfach, kräftig und scharf.** Blätter groß, Blattbasis gebuchtet, mit starkem Glanz. **Blüten in zwei- bis vierblütigem Blütenstand**, von mittlerer Größe, mit mittelstarker Anthocyanfärbung.

Phänologie
Austrieb: spät. Blühbeginn: mittel-spät. Fruchtreife: mittel.

Anfälligkeiten
Resistent gegen Amerikanischen Stachelbeermehltau. Wenig empfindlich gegen Sonnenbrand.

Besondere Eigenschaften
Pflanze robust, geeignet für biologischen Anbau.

Herkunft
Großbritannien, vor 1956, Züchter unbekannt, Kreuzung: 'Goliath' × *Ribes divaricatum*.

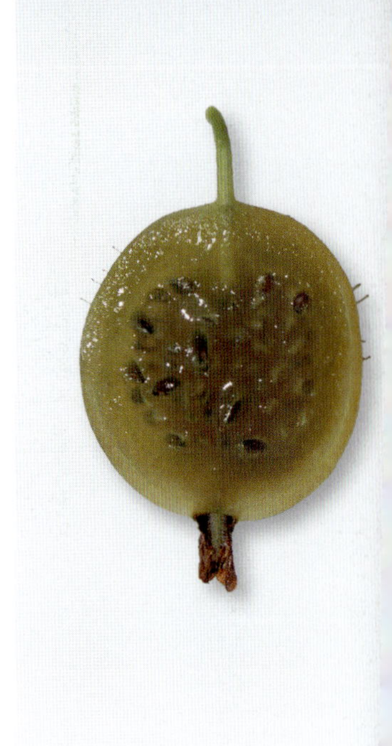

California

Beere

Groß, elliptisch, nicht selten auch verkehrt eiförmig. **Stiel und Fruchtbasis meist auffallend lang.** Schale ziemlich dick und fest, zuerst gelbgrün später **grünlich gelb bis zitronengelb**, sonnenwärts etwas karminrot marmoriert, **mit reich verzweigten, hellgelben Adern. Oberfläche schwach flaumig, schwach bis mäßig borstig.** Mit aromatischem, süß-säuerlichem Geschmack, bei Überreife etwas fade.

Pflanze

Mittlere Wuchsstärke, **breitwüchsig**. Einjährige Seitentriebe halb aufrecht bis waagerecht abstehend, bogig überhängend, mittelstark bewehrt, zum Triebende hin eher spärlich. Dornen meist einfach, doch vereinzelt auch Doppel- und Dreifachdornen vorhanden. **Austrieb und junges Blatt auffallend dunkelgrün und stark purpurrot überlaufen.** Blattbasis meist gerade bis leicht keilförmig. Blüten meist einzeln, **Kelchblätter und Fruchtknoten mit starker Anthocyanfärbung, Drüsen der Borsten blass grünlich**.

Phänologie

Austrieb: früh-mittel. Blühbeginn: mittel. Fruchtreife: mittel.

Anfälligkeiten

Anfällig für Amerikanischen Stachelbeermehltau. Mäßige Platzneigung.

Besondere Eigenschaften

Mittlerer Ertrag, gute Pflückbarkeit. Optisch ansprechende Beere.

Herkunft

Großbritannien, vor 1850, gezüchtet von John Henshaw.

Anmerkungen

Sortenidentität plausibel, trotz kleinerer Abweichungen zu Maurer 1913 (bei Maurer Fruchtreife ziemlich spät, Fruchtbasis kurz).

Captivator

Beere
Mittlere Größe, **verkehrt eiförmig bis etwas birnenförmig.** Oft zu zweit, **lang gestielt mit stark verlängerter, fleischiger Fruchtbasis. Schale dick und auffallend fest**, verwaschen **braunrot mit purpurrosa Tönen**, Aderung fast verschwindend. **Oberfläche glatt, flaum- und borstenlos, mittel bis stark bereift.** Geschmack aromatisch, süß-säuerlich, bei Überreife leicht mehlig.

Pflanze
Mäßig starker, eher lockerer, breit halb aufrechter Wuchs, schwache Bildung von Basistrieben. Einjährige Seitentriebe halb aufrecht, Jahrestriebe **auffallend lang und schlank**, etwas hin- und hergebogen, **dornenlos oder höchstens mit wenigen, kurzen, einfachen Dornen**. Blätter eher matt. Blüten klein bis mittel, **Kelchblätter und Fruchtknoten ohne oder nur mit sehr schwacher Anthocyanfärbung**. Gelbe Herbstfärbung des Laubes.

Phänologie
Austrieb: mittel-spät. **Blühbeginn: spät. Fruchtreife: sehr spät.**

Anfälligkeiten
Schwach anfällig für Amerikanischen Stachelbeermehltau, ziemlich anfällig für Blattfallkrankheit. Platzneigung gering.

Besondere Eigenschaften
Kälteresistent. Gute Pflückbarkeit. Eine der wenigen mehr oder weniger dornenlosen Stachelbeerensorten.

Herkunft und Verbreitung
Kanada, 1935, gezuchtet von Dr. A. W. S. Hunter, Central Experiment Farm Ottawa (Ontario), Abstammung 'Spinefree' × 'Clark'. Gelegentlich im Hausgarten und Liebhaberanbau, aktuelle Handelssorte.

Andere Sortennamen
Ottawa 272, Kanada J

Cent Globul (?)

Beere

Mittlere Größe, **elliptisch oder rundlich**, auch verkehrt eiförmig, **am Stiel oft abgeplattet bis etwas eingedellt, zum Kelch hin oft leicht zulaufend**. Stiel und Fruchtbasis mittel bis lang. Schale fest, zuerst unregelmäßig hellrot bis bräunlich rot auf gelblich weißem Grund, bei **Vollreife weinrot** und Aderung undeutlich. **Oberfläche mäßig flaumig, mittel bis stark borstig, Borsten vergleichsweise lang und regelmäßig über ganze Beere verteilt.** Guter, sehr intensiver, süß-säuerlicher Geschmack.

Pflanze

Mittlere Wuchsstärke, **breit gedrungener Wuchs**, eher geringe Basistriebbildung. Gerüsttriebe bogig aufsteigend. Einjährige Seitentriebe halb aufrecht bis waagerecht abstehend, bis zur Triebspitze mittelstark bewehrt. Dornen vorwiegend einfach, auch zwei- und dreifache vorhanden. Blattbasis gerade bis seicht gebuchtet. **Blüten groß, grüngelb**, meist einzeln, **Anthocyanfärbung der Kelchblätter schwach**. Blätter mit orangeroter Herbstfärbung.

Phänologie

Austrieb: mittel. Blühbeginn: mittel. Fruchtreife: früh-mittel.

Anfälligkeiten

Mäßig anfällig für Amerikanischen Stachelbeermehltau. Geringe Platzneigung.

Besondere Eigenschaften

Schöne, attraktive Frucht, vor allem bei einsetzender Fruchtreife.

Herkunft

Unbekannt. Gefunden in der Stachelbeerensammlung des Schweizer Pomologen Peter Hauenstein, Rafz. Stammt wohl ursprünglich aus Osteuropa. Abstammung *Ribes uva-crispa*.

Anmerkungen

Bisher kein Literaturhinweis und kein Hinweis auf Vorkommen in Sammlungen.

Country Crumpet (?)

Beere
Mittlere Größe, rundlich bis elliptisch. Stiel meist kurz, Fruchtbasis mittel bis lang. **Schale dick und fest**, erst verwaschen rot auf gelblichem Grund, **bei Vollreife braunrot bis leuchtend dunkelrot**, mäßig geadert, mit zahlreichen Atmungsflecken. **Oberfläche schwach bis mäßig flaumig, borstenlos.** Aromatischer, süß-säuerlicher Geschmack.

Pflanze
Mittlere Wuchsstärke, **breiter, überhängender Wuchs**, schwache Basistriebbildung. **Einjährige Seitentriebe kräftig, bogig abstehend, auffallend schwach bewehrt, Triebspitze völlig dornenlos.** Dornen kurz, stets einfach. **Austrieb und junges Blatt hellgrün, nicht rotbraun überlaufen.** Blüten meist einzeln, eher klein, gelbgrün, **Kelchblätter und Fruchtknoten nur mit schwacher Anthocyanfärbung**.

Phänologie
Austrieb: mittel-spät. Blühbeginn: mittel. Fruchtreife: mittel-spät.

Anfälligkeiten
Stark anfällig für Amerikanischen Stachelbeermehltau. Geringe Platzneigung.

Besondere Eigenschaften
Mittlere Ertragsmenge, leichte Pflückbarkeit.

Herkunft
Großbritannien, gefunden in der Stachelbeerensammlung des Schweizer Pomologen Peter Hauenstein, Rafz (ursprünglich von Anthony De Freston, England, erhalten). Abstammung unbekannt.

Anmerkungen
Bisher keine Sortenbeschreibung gefunden. Ähnlich 'Achilles', doch noch weniger bedornt und Dornen kürzer, höhere Mehltauanfälligkeit, Früchte im Schnitt kleiner.

Crownprince

Beere
Groß bis sehr groß, unregelmäßig elliptisch bis länglich birnen- oder walzenförmig, an Kelch und Stiel sortentypisch abgeplattet. Stiel mittel bis lang, Fruchtbasis kurz bis mittel. **Schale fest und dick**, etwas fleischig, **zuerst leuchtend hellrot und grün geadert**, mit zahlreichen Atmungsflecken, **vollreif kräftig rot bis dunkelrot und Adern undeutlich. Oberfläche nur schwach flaumig, schwach borstig oder nahezu borstenlos.** Aromatischer, süß-säuerlicher Geschmack, bei Vollreife mäßig schmackhaft.

Pflanze
Starker, bogig aufsteigender, halb aufrechter, an der Spitze leicht überhängender Wuchs. Einjährige Seitentriebe halb aufrecht bis waagerecht abstehend, dick, **bis zur Spitze mit langen und kräftigen Dornen besetzt. Dornen größtenteils dreiteilig, daneben stets auch Einfach- und Doppeldornen vorhanden. Austrieb und junges Blatt hellgrün, nicht oder nur sehr schwach rotbraun überlaufen. Basis der Sommerblätter gerade oder keilförmig.** Blüten meist einzeln, mittel bis groß. Kelchblätter und Fruchtknoten mit eher schwacher Anthocyanfärbung.

Phänologie
Austrieb: mittel. Blühbeginn: mittel. Fruchtreife: mittel.

Anfälligkeiten
Mäßig anfällig für Amerikanischen Stachelbeermehltau und Blattfallkrankheit. Empfindlich gegen Sonnenbrand.

Besondere Eigenschaften
Ziemlich hoher, regelmäßiger Ertrag. Optisch ansprechende Beere. Strauch dauerhaft.

Herkunft und Verbreitung
Großbritannien, 1802, gezüchtet von Cartwright, Abstammung unbekannt. Gelegentlich in alten Hausgärten, selten im Erwerbsanbau.

Andere Sortennamen
Rote Orleans

Anmerkungen
Gut charakterisierte, leicht kenntliche Sorte.

Downing

Beere
Sehr klein bis klein, rundlich, zum Stiel hin oft zulaufend. Beeren oft zu zweit oder dritt. Stiel eher kurz, Fruchtbasis mittel bis lang und oft verdickt. Schale fest, **weißlich grün**, vollreif mit gelblichem Schein, hellgrün geadert, Adern einfach oder nur wenig verzweigt. **Oberfläche flaum- und borstenlos, mittelstark bereift.** Aromatischer, überwiegend süßer Geschmack mit milder Säure.

Pflanze
Eher starker, gedrungener, breit halb aufrechter Wuchs. **Basistriebe am Grund mit Stachelborsten.** Einjährige Seitentriebe halb aufrecht bis waagerecht, bis zur Spitze dicht bewehrt. **Dornen mehrheitlich dreiteilig, kurz. Blüten zu zweit oder zu dritt, auffallend klein**, Kelchblätter mit mäßiger Anthocyanfärbung.

Phänologie
Austrieb: mittel-spät. Blühbeginn: mittel. Fruchtreife: mittel.

Anfälligkeiten
Mäßig anfällig für Amerikanischen Stachelbeermehltau und Blattfallkrankheit.

Besondere Eigenschaften
Schwer zu pflücken. Beeren bei einsetzender Fruchtreife bald vom Strauch abfallend.

Herkunft und Verbreitung
USA, 1840, gezüchtet von Charles Downing, Newburg (New York), Sämling der Sorte 'Houghton'. In Nordamerika ursprünglich weit verbreitet, um 1870 in Europa eingeführt, hier aber ohne größere Bedeutung.

Anmerkungen
Eine der ältesten amerikanischen Stachelbeerensorten.

Early Green Hairy

Beere

Klein, rund, oft gedrängt, an Kelch und Fruchtbasis oft leicht abgeplattet. **Stiel kurz, Fruchtbasis wenig verlängert.** Schale dick und fest, mit etwas zäher Haut, **intensiv dunkelgrün, bei Vollreife verblassend**, mit deutlichen, wenig verzweigten, hellgrünen Adern. **Oberfläche dicht drüsenborstig, schwach flaumhaarig oder fast ohne Flaumhaare.** Charakteristischer, kiwiähnlicher Geschmack, vollreif fade werdend.

Pflanze

Mittlere Wuchsstärke, **straff aufrechter, dichter Wuchs. Einjährige Seitentriebe aufrecht, schlank, braun, Basistriebe unterbrochen bewehrt, zur Spitze hin staubig behaart und meist dornenlos, am Grund mit vielen Stachelborsten. Dornen kurz, einfach**, bisweilen einzelne Doppel- und Dreifachdornen untergemischt. Junge Blätter rotbraun überlaufen. **Sommerblätter** klein, **derb, dunkelgrün und stark glänzend**, Blattbasis gerade bis gebuchtet. **Blüten eher klein, Kelchblätter mit starker Anthocyanfärbung.**

Phänologie

Austrieb: mittel-spät. Blühbeginn: mittel-spät. Fruchtreife: früh-mittel.

Anfälligkeiten

Mäßig anfällig für Amerikanischen Stachelbeermehltau, schwach anfällig für Blattfallkrankheit. Platzneigung gering.

Besondere Eigenschaften

Mittlerer Ertrag, **regelmäßig guter Fruchtansatz. Schwer pflückbar.** Schöne Beere. Eine der wenigen wirklich grünen Stachelbeeren. Bei regelmäßiger Vorbeugung biologischer Anbau möglich.

Herkunft und Verbreitung

Großbritannien, bereits im 18. Jahrhundert erwähnt, Züchter und Abstammung unbekannt. Früher in England und im nördlichen und westlichen Deutschland verbreitet, heute selten in Liebhabergärten.

Andere Sortennamen

Early Green, Early Green Haire, Thompson, Green Gage, Green Gascoigne, Grüne Deutsche, Frühe Grüne

Anmerkungen

Entgegen der Sortenbeschreibung in Maurer (1913) eher mittelfrüh (statt früh) und eher dickschalig. Eine der ältesten noch vorhandenen Stachelbeerensorten.

Fascination

Beere
Mittel bis groß, **rundlich bis elliptisch**, oft etwas schief, an Kelch und Stiel meist abgeplattet. **Auffallend kurz gestielt bei gleichzeitig stark verlängerter Fruchtbasis.** Schale eher dick, **gelblich weiß, sonnenwärts stark weinrot marmoriert**, milchig durchscheinend, undeutlich geadert. **Oberfläche** schwach flaumig, **mäßig borstig, Borsten vor allem in oberer Fruchthälfte**. Aromatischer, süß-säuerlicher Geschmack.

Pflanze
Mittlere Wuchsstärke, halb aufrechter Wuchs, eher schwache Basistriebbildung. Einjährige Seitentriebe halb aufrecht, bis zur Spitze mittelstark bewehrt. Dornen ein- bis dreiteilig. **Austrieb und junges Blatt hellgrün, mittel bis stark rotbraun überlaufen.** Sommerblätter hellgrün, Glanz schwach, Blattbasis gerade. Blütengröße mittel, **Kelchblätter mit starker Anthocyanfärbung**.

Phänologie
Austrieb: mittel. Blühbeginn: mittel. Fruchtreife: mittel-spät.

Anfälligkeiten
Anfällig für Amerikanischen Stachelbeermehltau. Empfindlich gegen Sonnenbrand.

Besondere Eigenschaften
Eine der wenigen großfruchtigen weißen Stachelbeerensorten.

Herkunft
Großbritannien, um 1880, gezüchtet von Joseph Weston, Abstammung unbekannt.

Anmerkungen
Im frühen 20. Jahrhundert in Stachelbeeren-Ausstellungen der Egton Bridge Old Gooseberry Society mehrfach als schwerste weiße Stachelbeere ausgezeichnet.

Fredonia

Beere
Mittel bis groß, rundlich bis elliptisch. **Stiel und Fruchtbasis lang. Schale dick und fest, ungleichmäßig weinrot auf weißlich gelbem Grund**, deutlich hell geadert, **bei Vollreife sonnenwärts dunkelweinrot und Aderung teilweise verschwindend. Oberfläche mittel bis stark flaumig, borstenlos.** Aromatischer, süß-säuerlicher Geschmack.

Pflanze
Mittlere Wuchsstärke, breit halb aufrechter, etwas **sparriger Wuchs. Einjährige Seitentriebe fast waagerecht abstehend.** Basistriebe eher spärlich, am Grund mit zahlreichen Stachelborsten. Jahrestriebe bis zur Spitze mittelstark bewehrt. **Dornen mehrheitlich ein- oder dreiteilig**, Zweifachdornen selten oder fehlend. Blüten meist einzeln, mittel bis groß, Kelchblätter mit mäßiger Anthocyanfärbung.

Phänologie
Austrieb: spät. Blühbeginn: spät. Fruchtreife: sehr spät.

Anfälligkeiten
Stark anfällig für Amerikanischen Stachelbeermehltau.

Besondere Eigenschaften
Eine der spätesten Stachelbeerensorten. Leicht pflückbar, transportfest.

Herkunft und Verbreitung
USA, 1910, gezüchtet von Richard Wellington, Sämling einer unbekannten englischen Sorte. 1927 von der New York State Agricultural Experimental Station versuchsweise eingeführt. Nordamerika, in Europa selten.

Früheste Gelbe

Beere
Beere klein bis mittel, rundlich bis breit elliptisch. **Stiel kurz**, Fruchtbasis kurz bis mittel. **Schale auffallend dünn und durchscheinend, leuchtend gelb**, deutlich hellgelb geadert, Hauptadern zum Stiel hin hellgrün und flach eingesenkt. **Oberfläche** mäßig flaumig, **dicht mit langen, feinen Borstenhaaren besetzt, diese regelmäßig über die ganze Beere verteilt**. Süßer, charakteristischer, leicht aprikosenähnlicher Geschmack, in vollreifem Zustand etwas fade und mehlig, nicht gärend.

Pflanze
Eher starker, **straff aufrechter, dichter Wuchs, viele Basistriebe, diese an der Basis stark stachelborstig**. Einjährige Seitentriebe aufrecht, kräftig, **bis zur Spitze sehr dicht mit langen, scharfen, leicht nach unten gekrümmten, dreiteiligen Dornen** besetzt. **Blätter beim Austrieb dunkelgrün, rotbraun überlaufen. Sommerblätter matt hellgrün, flaumig behaart, Blattbasis meist gerade. Blüten mit mittlerer Größe**, Kelchblätter mit mittlerer bis starker Anthocyanfärbung.

Phänologie
Austrieb: früh-mittel. Blühbeginn: mittel-spät. **Fruchtreife: sehr früh.**

Anfälligkeiten
Anfällig für Amerikanischen Stachelbeermehltau, anfällig für Blattfallkrankheit, besonders in Trockenperioden. Schwache Platzneigung. Wenig anfällig für Sonnenbrand.

Besondere Eigenschaften
Regelmäßiger, mittlerer Ertrag. Gleichmäßige Fruchtreife. Beeren am Strauch lange haltbar. Schlechte Pflückbarkeit. Bei Vollreife nicht transportfest. Eine der wenigen intensiv gelben Stachelbeerensorten.

Herkunft und Verbreitung
Großbritannien, 1840, gezüchtet von Ward, Abstammung unbekannt. Früher die verbreitetste und häufigste gelbe Stachelbeerensorte, heute noch gelegentlich in alten Hausgärten.

Andere Sortennamen
Allerfrüheste Gelbe, Early Sulphur, Frühe Rauhe Gelbe, Gelbe Honigbeere, Golden Ball, Golden Bull, Moss' Seedling, Yellow Golden Bull, Yellow Lion, Rough Yellow

Anmerkungen
Gut charakterisierte, leicht kenntliche Sorte. Ähnlich 'Hönings Früheste', diese jedoch mit etwas größeren, helleren, rundlicheren Beeren und unterschiedlich bedornten Jahrestrieben (Dornen ein- bis dreiteilig).

Früheste von Neuwied

Beere
Mittel bis groß, elliptisch bis rundlich, meist schief. Eher lang gestielt, **Fruchtbasis meist wenig verlängert. Schale dünn, weißlich bis gelblich grün, auch gelblich weiß**, teilweise verwaschen rotbraun marmoriert, Adern weißlich, in der Fruchtreife nur mäßig deutlich und zerfließend. **Oberfläche** schwach bis mäßig flaumig und **zerstreut drüsenborstig, zusätzlich meist einzelne schuppige Vorblättchen vorhanden**. Mittlerer bis guter, süß-säuerlicher Geschmack.

Pflanze
Eher starker, halb aufrechter, ziemlich dichter Wuchs. Einjährige Seitentriebe halb aufrecht, bis zur Spitze mittel bis stark bewehrt. **Dornen kräftig, größtenteils einfach**, aber auch Doppel- und Dreifachdornen vorhanden. Austrieb und junges Blatt mittel- bis dunkelgrün, schwach rotbraun überlaufen. **Blüten oft zu zweit, mittlere Größe**, Kelchblätter mit schwacher bis mittlerer Anthocyanfärbung, **Blütenstiele mit ein bis drei schuppigen, zungenförmigen Vorblättchen**.

Phänologie
Austrieb: früh. Blühbeginn: früh-mittel. **Fruchtreife: sehr früh.**

Anfälligkeiten
Ziemlich stark anfällig für Amerikanischen Stachelbeermehltau, schwach anfällig für Blattfallkrankheit. Schwache Platzneigung.

Besondere Eigenschaften
Mittlerer Ertrag. Eine der frühesten hellgrünen Stachelbeeren. Beere nicht besonders ansehnlich.

Herkunft und Verbreitung
Deutschland, 1870, gezüchtet von Peter Hoppen, Neuwied am Rhein, Sämling der deutschen Sorte 'Mertensis'.

Gelbe Riesenbeere

Beere
Groß bis sehr groß, elliptisch bis walzenförmig, auch rundlich oder verkehrt eiförmig, **oft schief**. Stiellänge mittel, **Fruchtbasis lang und fleischig. Schale dick und fest, milchig grünlich gelb bis honiggelb**, sonnenwärts rotbraun marmoriert, **kaum durchscheinend**, mit hellen, verwaschenen Adern. **Oberfläche nur schwach flaumhaarig, borstenlos.** Ziemlich aromatischer, süß-säuerlicher Geschmack.

Pflanze
Mittlere Wuchsstärke, etwas gedrungener, halb aufrechter Wuchs. Einjährige Seitentriebe halb aufrecht, ziemlich dick, mäßig bewehrt. **Dornen zur Triebspitze hin rasch an Größe abnehmend.** Dornen kurz, kräftig, meist einfach, bisweilen auch einzelne zwei- und dreiteilige Dornen vorhanden. Blüten meist einzeln, mittel bis groß, Kelchblätter mit mäßiger Anthocyanfärbung.

Phänologie
Austrieb: mittel-spät. Blühbeginn: mittel-spät. **Fruchtreife: spät.**

Anfälligkeiten
Ziemlich stark anfällig für Amerikanischen Stachelbeermehltau. Ziemlich starke Platzneigung.

Besondere Eigenschaften
Mittlerer Ertrag.

Herkunft und Verbreitung
Großbritannien, um 1850, gezüchtet von Greenhalgh, Abstammung unbekannt. Um 1866 in Deutschland eingeführt und 1896 vom Deutschen Pomologenverein zum allgemeinen Anbau empfohlen.

Andere Sortennamen
Leveller

Gelbe Triumphbeere

Beere

Mittel bis groß, **schmal und lang elliptisch**, meist etwas schief. Stiellänge mittel, Fruchtbasis kurz. Schale reif **leuchtend gelb**, durchscheinend, mit deutlichen und reich verzweigten, hellgelben Adern, **flaum- und borstenlos**, nur am Kelch und Stiel andeutungsweise flaumig, die kleinen Atmungsflecke spärlich. Mittlerer Geschmack mit mäßigem Aroma, Schale säuerlich nachschmeckend.

Pflanze

Mittlere Wuchsstärke, ziemlich dichter, breit halb aufrechter Wuchs **mit überhängenden Gerüsttrieben**. Jahrestriebe schlank, über die ganze Länge mittelstark bewehrt, Triebspitze bisweilen auch dornenlos. **Dornen ein- bis dreiteilig.** Junges Blatt nur schwach rotbraun überlaufen. Blattbasis gerade. Blüten meist einzeln, Kelchblätter und Fruchtknoten mit mittlerer bis starker Anthocyanfärbung.

Phänologie

Austrieb: früh. Blühbeginn: früh. Fruchtreife: früh.

Anfälligkeiten

Anfällig für Amerikanischen Stachelbeermehltau und Blattfallkrankheit. Starke Platzneigung. Empfindlich gegen Hitze und Trockenheit (Fruchtfall).

Besondere Eigenschaften

Relativ regelmäßiger, ziemlich hoher Ertrag. **Beeren am Strauch nur kurze Zeit haltbar. Optisch sehr ansprechende Beere.** Grünpflücke möglich. Eine der wenigen intensiv gelben Stachelbeerensorten.

Herkunft und Verbreitung

Tschechien, 1889, gezüchtet von E. Schamal, Abstammung unbekannt. Früher vor allem in Tschechien und Deutschland verbreitet, heute noch gelegentlich in alten Hausgärten.

Andere Sortennamen

Gelbe Triumph, Triumphant, Triumfant

Anmerkungen

Gut charakterisierte, leicht kenntliche Sorte.

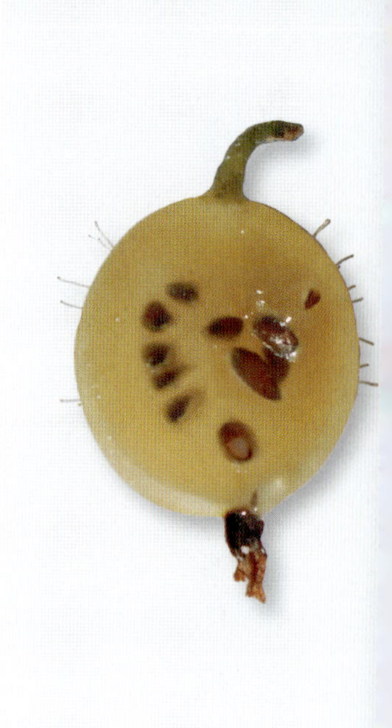

Golden Drop (?)

Beere
Klein bis mittel, rundlich bis elliptisch. Stiel eher kurz, Fruchtbasis kurz bis mittel. Schale dünn, durchscheinend, **weißlich gelb bis hellgelb**, mit weißlich gelben Adern, sonnenwärts teilweise rot marmoriert. **Oberfläche flaumhaarig, mit einzelnen bis mäßig zahlreichen, langen Borstenhaaren**, diese in gewissen Jahren auch fast fehlend. Geschmack ziemlich aromatisch und süß, etwas wenig Säure, manchmal etwas fade.

Pflanze
Mittlere Wuchsstärke, etwas gedrungener, **dichter Wuchs**, aufrecht bis halb aufrecht, **reiche Basistriebbildung. Einjährige Seitentriebe aufrecht und bis zur Spitze stark bewehrt**, Dornen meist einfach, daneben auch Doppel- und Dreifachdornen vorhanden. **Austrieb und junges Blatt auffallend dunkelgrün, stark rotbraun überlaufen. Sommerblätter hellgrün, auffallend matt**, Blattbasis gerade oder keilförmig. **Blüten meist einzeln**, Blütengröße mittel, Kelchblätter mit mittlerer bis starker Anthocyanfärbung.

Phänologie
Austrieb: früh-mittel. Blühbeginn: mittel. **Fruchtreife: früh.**

Anfälligkeiten
Anfällig für Amerikanischen Stachelbeermehltau, anfällig für Blattfallkrankheit. Geringe Platzneigung.

Besondere Eigenschaften
Mäßiger Ertrag, schlechte Transportfähigkeit. Beeren am Strauch lange haltbar.

Herkunft und Verbreitung
Großbritannien, um 1810, Züchter und Abstammung unbekannt. Liebhabergärten.

Andere Sortennamen
Golden Gourd, Golden Lemon

Anmerkungen
Sortenidentität unsicher. Etwas ähnlich 'Früheste Gelbe', doch Beeren blassgelb und mit deutlich weniger Borstenhaaren, außerdem schwachwüchsiger und Dornen mehrheitlich einfach.

Golden Lion

Beere
Mittel, **elliptisch oder seltener rundlich**. Stiel und Fruchtbasis kurz bis mittel. Schale dünn und durchscheinend, **leuchtend goldgelb**, sonnenwärts kaum marmoriert, **stark hellgelb geadert, Adern wenig verzweigt. Oberfläche glänzend, nur zerstreut flaumhaarig, mit vereinzelten Borstenhaaren.** Geschmack aromatisch, süß mit milder Säure.

Pflanze
Mittlere Wuchsstärke, **dichter, etwas überhängender Wuchs. Einjährige Seitentriebe aufrecht, auffallend schlank, etwas hin- und hergebogen**, bis zur Spitze ziemlich dicht bewehrt. **Dornen lang und schlank, vorwiegend einfach**, aber auch doppelte oder dreifache untergemischt. **Austrieb und junges Blatt ohne Anthocyanfärbung, hellgrün. Sommerblätter klein**, Blattbasis gebuchtet. **Blüten klein**, Anthocyanfärbung der Kelchblätter schwach bis mittel. Drüsen der Borstenhaare am Fruchtknoten rötlich.

Phänologie
Austrieb: früh-mittel. Blühbeginn: mittel-spät. **Fruchtreife: sehr früh.**

Anfälligkeiten
Mäßig anfällig für Amerikanischen Stachelbeermehltau. Wenig empfindlich gegen Sonnenbrand.

Besondere Eigenschaften
Eine der am frühesten reifenden Sorten. Attraktive Beere und sehr homogen in der Färbung. Beeren halten sich gut am Strauch.

Herkunft
Deutschland, um 1820, gezüchtet von Eckhard Klocke, Kassel (Hessen), Abstammung unbekannt.

Anmerkungen
Es existieren historische Dokumente einer alten gleichnamigen englischen Sorte, Child's 'Golden Lion' (vor 1807).

Grüne Flaschenbeere

Beere
Groß bis sehr groß, meist **birnenförmig**, auch lang elliptisch, teilweise etwas schief. Stiel eher kurz, **Fruchtbasis deutlich verlängert und fleischig verbreitert. Schale eher dick, dunkelgrün**, bei Vollreife verblassend gelblich grün, sonnenwärts rotbraun marmoriert, **deutlich hell geadert. Oberfläche flaumlos** oder höchstens zum Kelch hin mit einzelnen Flaumhärchen, **borstenlos**. Kurz vor der Vollreife guter, süß-säuerlicher Geschmack, später «gärig» und fade, Schale im Abgang etwas bitter.

Pflanze
Eher starker, **breiter Wuchs** mit kräftigen, halb aufrechten Gerüsttrieben und gebogenen, waagerecht abstehenden Seitentrieben. Jahrestriebe schwach bis höchstens mittelstark bewehrt, **Triebenden oft dornenlos. Dornen einfach, bisweilen einzelne Doppeldornen vorhanden.** Junges Blatt deutlich rotbraun überlaufen. **Sommerblätter dunkelgrün,** eher stark glänzend. **Blüten auffallend groß,** Fruchtknoten und Kelchblätter mit mittlerer bis starker Anthocyanfärbung.

Phänologie
Austrieb: früh. Blühbeginn: früh-mittel. Fruchtreife: mittel.

Anfälligkeiten
Stark anfällig für Amerikanischen Stachelbeermehltau. Mäßig anfällig für Blattfallkrankheit. Starke Platzneigung. Anfällig für Sonnenbrand.

Besondere Eigenschaften
Regelmäßiger und relativ hoher Ertrag. **Beeren am Strauch nicht lange haltbar, rasch gärend.** Eine der wenigen auch in der Fruchtreife wirklich grünen Stachelbeerensorten. Strauch dauerhaft.

Herkunft und Verbreitung
Großbritannien, 1802, gezüchtet von Johnson, Abstammung unbekannt. Ursprünglich weit verbreitete Tafel- und Konservenfrucht, heute weitgehend verschwunden.

Andere Sortennamen
Green Willow, Grüne Flaschen, Imperator, Grüne Weidenbeere

Anmerkungen
Gut charakterisierte, leicht kenntliche Sorte.

Grüne Kugel

Beere

Groß, rundlich, auch breit elliptisch, am Stiel und Kelch oft etwas abgeplattet. Stiel und Fruchtbasis kurz bis mittel. Schale dick, **grün bis weißlich grün, matt, Aderung anfänglich deutlich, bei Vollreife fast verschwindend. Oberfläche mäßig flaumhaarig, borstenlos oder selten mit vereinzelten Borsten.** Geschmack sehr aromatisch, süß-säuerlich.

Pflanze

Eher starker, breit halb aufrechter, kompakter Wuchs. **Einjährige Seitentriebe halb aufrecht, auffällig schwach mit einfachen Dornen bewehrt, Triebspitze dornenlos.** Austrieb und junges Blatt mäßig rot überlaufen. Blattbasis meist gerade oder keilförmig. Blüten meist einzeln, Kelchblätter mit mäßiger Anthocyanfärbung. **Fruchtknoten mit schwacher Anthocyanfärbung.**

Phänologie

Austrieb: früh-mittel. Blühbeginn: mittel. Fruchtreife: mittel.

Anfälligkeiten

Anfällig für Amerikanischen Stachelbeermehltau.

Besondere Eigenschaften

Sehr gute Fruchtqualität. Guter, regelmäßiger Ertrag.

Herkunft und Verbreitung

Deutschland, 1940, gezüchtet von Adolf Mauk, Lauffen am Neckar, Sämling von 'Hönings Früheste'. Ursprünglich vor allem in Deutschland verbreitet.

Anmerkungen

Früchte etwas ähnlich 'Macherauchs Robustenta', aber ohne Bereifung und mehltauanfällig.

Grüne Riesenbeere

Beere
Mittel bis groß, rundlich bis elliptisch. Stiel mittellang, Fruchtbasis kurz bis mittel. **Schale dick und fest**, zuerst hellgrün, **bei Vollreife gelbgrün und sonnenwärts rot marmoriert**, Adern deutlich und reich verzweigt, hell. **Oberfläche stark flaumig, borstenlos. Geschmack ausgezeichnet, sehr aromatisch, würzig**, süß-säuerlich.

Pflanze
Starker, etwas sparriger, breit halb aufrechter Wuchs, eher schwache Basistriebbildung. Einjährige Seitentriebe ziemlich dick, waagerecht abstehend und am Triebende meist etwas gebogen, bis zur Spitze mittelstark bewehrt. **Dornen lang und kräftig**, meist einfach, seltener zwei- oder dreiteilig. Blüten mittel bis groß, Kelchblätter mit mittelstarker, Fruchtknoten mit sehr schwacher Anthocyanfärbung.

Phänologie
Austrieb: spät. Blühbeginn: mittel-spät. **Fruchtreife: spät.**

Anfälligkeiten
Ziemlich stark anfällig für Amerikanischen Stachelbeermehltau und für Blattfallkrankheit. Geringe Platzneigung.

Besondere Eigenschaften
Regelmäßiger, ziemlich hoher Ertrag. Geeignet für Spaliererziehung. Beeren lange am Strauch haltbar. Strauch dauerhaft.

Herkunft und Verbreitung
Großbritannien, 1820, gezüchtet von Collier, Abstammung unbekannt. Gelegentlich in alten Hausgärten.

Andere Sortennamen
Angler, Grüne Riesen, Jolly Angler, Lay's Jolly Angler

Anmerkungen
Ähnlich 'Weiße Triumphbeere', doch breiterer, sparrigerer Wuchs, Beere elliptischer und stärker marmoriert, spätere Fruchtreife, höhere Mehltauanfälligkeit.

Gunner

Beere

Mittlere Größe, rundlich, teilweise schief, **am Stiel oft abgeplattet bis eingedellt, zum Kelch hin jedoch gerundet. Stiellänge mittel, Fruchtbasis deutlich verlängert. Schale gelbgrün bis olivgrün, bei Vollreife bernsteinfarben, sonnenwärts stark rotbraun marmoriert,** hell geadert, durchscheinend. **Oberfläche mäßig flaumig, dicht und regelmäßig mit langen Drüsenborsten bedeckt.** Aromatischer, süß-säuerlicher Geschmack, etwas fade in Vollreife.

Pflanze

Eher schwacher und lockerer, **bogig aufsteigender und breiter Wuchs.** Einjährige Seitentriebe halb aufrecht bis waagerecht abstehend. Dornen meist einfach, einzelne Doppel- und Dreifachdornen untergemischt. **Austrieb und junges Blatt stark rotbraun überlaufen. Blattbasis gerade.** Blüten meist einzeln, **Kelchblätter und Fruchtknoten mit starker Anthocyanfärbung.**

Phänologie

Austrieb: mittel. Blühbeginn: mittel. Fruchtreife: früh-mittel.

Anfälligkeiten

Anfällig für Amerikanischen Stachelbeermehltau. Geringe Platzneigung.

Besondere Eigenschaften

Mittlerer Ertrag. Dekorative Beere.

Herkunft

Großbritannien, 1820, gezüchtet von Hardcastle, Abstammung unbekannt.

Andere Sortennamen

Yellow Gunner

Anmerkungen

Beschreibungen in der Literatur widersprüchlich, Beschreibung bei Hogg 1884 entspricht aber der hier beschriebenen Akzession.

Hero of the Nile

Beere
Mittel bis groß, **rundlich**, auch angedeutet elliptisch. Länge von Stiel und Fruchtbasis mittel. Schale fest, **erst weißlich grün, bei Vollreife grünlich weiß bis gelblich weiß,** manchmal sonnenwärts fein rot marmoriert, **mit deutlicher, stark verzweigter Aderung. Oberfläche stark flaumig, borstenlos.** Aromatischer, charakteristischer, süß-säuerlicher Geschmack.

Pflanze
Starker, halb aufrechter Wuchs mit ziemlich starker Basistriebbildung. Einjährige Seitentriebe halb aufrecht abstehend, wenig gebogen, bis zur Spitze mittelstark bewehrt. Dornen meist einfach, seltener zweifach, vereinzelt dreifach. **Blüten groß,** Kelchblätter mit mittlerer bis starker, Fruchtknoten mit schwacher Anthocyanfärbung. Herbstlaub gelb gefärbt.

Phänologie
Austrieb: mittel-spät. Blühbeginn: mittel-spät. Fruchtreife: mittel-spät.

Anfälligkeiten
Mäßig anfällig für Amerikanischen Stachelbeermehltau. Eher geringe Platzneigung.

Besondere Eigenschaften
Hoher und regelmäßiger Ertrag. Strauch dauerhaft.

Herkunft
Großbritannien, um 1856, gezüchtet von Moore, Abstammung unbekannt.

Anmerkungen
Unterscheidet sich von der 'Weißen Triumphbeere' nur durch den stärkeren, weniger aufrechten Wuchs und die größeren Beeren. Möglicherweise eine besonders ertragreiche und vitale Auslese derselben. Weitere Abklärungen nötig.

Hinnonmäki Gelb

Beere
Mittlere Größe, **gleichmäßig elliptisch, zur Basis hin oft zulaufend**, einzeln oder zu zweit. Stiel mittellang, **Fruchtbasis kurz**. Schale zuerst weißlich grün, **bei Vollreife weißlich gelb** und durchscheinend, teilweise sonnenwärts leicht rotbraun marmoriert, mit schwach verzweigten, hellgrünen, etwas verwaschenen Adern. **Oberfläche flaumlos oder nur mit sehr zerstreuten Flaumhärchen, borstenlos, mäßig bereift.** Mäßig aromatischer, süß-säuerlicher Geschmack, im Abgang etwas bitter.

Pflanze
Eher starker, ziemlich dichter, **breiter Wuchs mit vielen Basistrieben. Einjährige Seitentriebe sehr schlank, stark bogig überhängend, auffallend schwach bewehrt, in der oberen Triebhälfte fast dornenlos, Dornen kurz und fein, einfach.** Austrieb und junges Blatt hell- bis mittelgrün, mittelstark rotbraun überlaufen. Blüten klein bis mittel, Kelchblätter und Fruchtknoten mit schwacher Anthocyanfärbung.

Phänologie
Austrieb: mittel-spät. Blühbeginn: mittel-spät. Fruchtreife: früh-mittel.

Anfälligkeiten
Robust, schwach anfällig für Amerikanischen Stachelbeermehltau und Blattfallkrankheit. Geringe Platzneigung.

Besondere Eigenschaften
Regelmäßiger, relativ hoher Ertrag. **Gute Pflückbarkeit.**

Herkunft und Verbreitung
Finnland, vor 1938, gezüchtet vom Lepaa Horticultural College, Züchtung mit einer wilden Stachelbeere von Hinnonmae. Aktuelle Standardsorte für den Hausgarten.

Andere Sortennamen
Hinnonmaki Yellow, Hinomaki Yellow, Hinnonmäen Keltainen

Hinnonmäki Rot

Beere

Klein bis mittel, rundlich bis elliptisch. Beeren oft zu zweit, Stiellänge mittel, **Fruchtbasis kurz**. Schale ziemlich dick und fest, zuerst verwaschen dunkelrosa, bei Vollreife **dunkelviolettrot**, Adern kaum erkennbar. **Oberfläche flaum- und borstenlos, stark bereift.** Aromatischer, charakteristischer, angenehm süßer Geschmack mit milder Säure.

Pflanze

Mittlere Wuchsstärke, breiter bis halb aufrechter Wuchs. **Einjährige Seitentriebe halb aufrecht abstehend, schlank, bogig überhängend, an der Basis und Mitte stark, an der Spitze nicht oder nur wenig bedornt.** Dornen kurz und kräftig, ein- bis dreiteilig. **Austrieb und junges Blatt dunkelgrün, sehr stark braunviolett überlaufen.** Blattbasis gerade oder keilförmig. **Blüten meist zu zweit, eher klein, Kelchblätter mit auffallend schwacher Anthocyanfärbung.**

Phänologie

Austrieb: spät. Blühbeginn: sehr spät. Fruchtreife: mittelspät.

Anfälligkeiten

Robust, kaum anfällig für Amerikanischen Stachelbeermehltau und Blattfallkrankheit. Geringe Platzneigung.

Besondere Eigenschaften

Mittlere Ertragsmenge, regelmäßiger Ertrag. Transportfest.

Herkunft und Verbreitung

Finnland, um 1965, Züchter und Abstammung unbekannt. Aktuelle Standardsorte für den Hausgarten.

Andere Sortennamen

Lepaan Punainen, Hinnonmaki Rod, Lepaa's Red, Hinnomaki Red

Anmerkungen

Es war zeitweise in Nordeuropa auch eine andere Sorte mit kleinen, borstigen, roten Früchten unter dem Namen 'Lepaan Punainen' in Umlauf.

Hönings Früheste

Beere
Mittlere Größe, **rundlich, an Stiel und Kelch oft etwas abgeplattet**. Stiel kurz bis mittel, Fruchtbasis kurz. **Schale dünn**, eher weich, durchscheinend, **hellgelb**, deutlich weißlich gelb geadert, Hauptadern am Stiel hellgrün und flach eingesenkt. **Oberfläche flaumig behaart, dicht mit langen, feinen Drüsenborsten besetzt.** Geschmack aromatisch und **überwiegend süß, bei Vollreife etwas fade und wenig Säure**.

Pflanze
Eher starker, dichter, ziemlich aufrechter Wuchs. **Basistriebe am Grund mit zahlreichen Stachelborsten.** Einjährige Seitentriebe aufrecht, bis zur Spitze dicht mit kräftigen, scharfen, ein- bis dreiteiligen Dornen besetzt. Austrieb und junges Blatt höchstens schwach rotbraun überlaufen. **Sommerblätter hellgrün, matt, Blattbasis gerade.** Blütengröße mittel. **Kelchblätter mit mittlerer, Fruchtknoten mit schwacher Anthocyanfärbung.**

Phänologie
Austrieb: mittel. Blühbeginn: früh-mittel. **Fruchtreife: sehr früh.**

Anfälligkeiten
Ziemlich stark anfällig für Amerikanischen Stachelbeermehltau und Blattfallkrankheit. Unempfindlich gegen Sonnenbrand.

Besondere Eigenschaften
Mittlerer Ertrag und gleichmäßige Fruchtreife. **Schlechte Pflückbarkeit. Nicht transportfest. Am Strauch lange haltbar.** Wird vorzugsweise kurz vor der Vollreife gepflückt. Bevorzugt milde Lagen mit fruchtbaren und durchlässigen Böden.

Herkunft und Verbreitung
Deutschland, 1900, gezüchtet von Julius Hönings, Neuss am Rhein, Sämling von 'Früheste Gelbe'. Selten in alten Hausgärten.

Andere Sortennamen
Hoenings Earliest

Anmerkungen
Ähnlich Elternsorte 'Früheste Gelbe', doch Beeren größer, rundlicher und heller gelb, Dornen ein- bis dreiteilig.

Houghton

Beere
Sehr klein, rundlich, an Kelch und Stiel oft abgeplattet. **Beeren meist zu zweit oder zu dritt, lang gestielt, Fruchtbasis stark verlängert.** Schale dünn, anfänglich hellgrün, mit deutlichen, wenig verzweigten Adern, dann verwaschen rosa überlaufen, **bei Vollreife violettrot bis dunkelbraunviolett und mit undeutlicher Aderung. Oberfläche flaum- und borstenlos, bereift.** Eher fader, süßer Geschmack, bei Vollreife mehlig, wenige Samen.

Pflanze
Sehr starker, hoher, halb aufrechter bis breiter, überhängender Wuchs. Einjährige Seitentriebe schlank und lang, stark bogig, Rinde auffallend hell, schwach bewehrt, an der Spitze dornenlos. Dornen einfach, lang, kräftig. **Austrieb und junges Blatt dunkelgrün,** mäßig rotbraun überlaufen. **Blüten meist zu zweit oder zu dritt, eher klein, Kelchblätter nur mit schwacher Anthocyanfärbung.** Herbstlaub orangerot bis purpurviolett.

Phänologie
Austrieb: sehr spät. Blühbeginn: spät. Fruchtreife: spät.

Anfälligkeiten
Robust, kaum anfällig für Mehltau und Blattfallkrankheit. Geringe Platzneigung. Nicht empfindlich gegen Sonnenbrand.

Besondere Eigenschaften
Hoher, regelmäßiger Ertrag. Gedeiht auch an etwas ungünstigen Standorten. **Folgernde Fruchtreife.**

Herkunft und Verbreitung
USA, 1833, gezüchtet von Abel Houghton, Lynn (Massachusetts), Abstammung unbekannt, angeblich Sämling einer gepflanzten *Ribes oxyacanthoides* (Wildform) unter Einkreuzung einer europäischen Kultur-Stachelbeere. In Nordamerika ursprünglich verbreitet, um 1870 in Deutschland eingeführt.

Andere Sortennamen
Houghton Mountain Seedling

Anmerkungen
Die älteste bekannte amerikanische Stachelbeerensorte.

Invicta

Beere
Groß, Fruchtform vielgestaltig, **elliptisch bis verkehrt eiförmig oder leicht birnenförmig**, seltener rundlich, **zum Kelch hin oft schief und abgeplattet**. Beeren **oft zu zweit, Stiel und Fruchtbasis auffallend lang, Letztere verdickt. Schale dünn und weich, weißlich grüngelb bis weißlich gelb**, deutlich geadert. **Oberfläche flaumhaarig, regelmäßig mit weichen, kurzen Borsten besetzt, schwach bereift.** Aromatischer, angenehm süß-säuerlicher Geschmack, bei Vollreife etwas fade.

Pflanze
Starker, breit halb aufrechter, etwas überhängender Wuchs, mittlere Basistriebbildung. Seitentriebe halb aufrecht bis aufrecht, mittelstark bewehrt. Dornen ein- oder zweiteilig. Austrieb und junges Blatt mäßig rotbraun überlaufen. Sommerblätter stark glänzend, dunkelgrün, Blattbasis gerade bis gebuchtet. Blüten meist zu zweit, **Kelchblätter mit starker Anthocyanfärbung**.

Phänologie
Austrieb: mittel. **Blühbeginn: spät. Fruchtreife: sehr früh.**

Anfälligkeiten
Kaum anfällig für Amerikanischen Stachelbeermehltau und Blattfallkrankheit. Geringe Platzneigung.

Besondere Eigenschaften
Hoher Ertrag, gute Pflückbarkeit. Strauch dauerhaft.

Herkunft und Verbreitung
Großbritannien, 1967, gezüchtet an der East Malling Research Station, Maidstone, Kent, Abstammung 'Keepsake' × ('Resistenta' × 'Rote Triumph'). Aktuelle Standardfrühsorte für Erwerbsanbau und Hausgarten.

Andere Sortennamen
Malling Invicta

Anmerkungen
Neuere Züchtung basierend auf alten Sorten.

John Anderson (?)

Beere
Mittlere Größe, **elliptisch bis deutlich birnenförmig**, manchmal auch rundlich. Stiellänge mittel, **Fruchtbasis stark verlängert**. Schale fest, erst hellrot, **bei Vollreife bräunlich rot bis violettrot** und Adern verschwindend. Oberfläche schwach flaumhaarig, borstenlos oder selten mit einzelnen Borsten. Intensiv aromatischer, süß-säuerlicher Geschmack.

Pflanze
Eher schwacher, halb aufrechter Wuchs, schwache Bildung von Basistrieben. **Einjährige Seitentriebe schlank, eher schwach bewehrt, Triebspitze mehr oder weniger dornenlos, Dornen schlank, einfach. Austrieb und junges Blatt auffallend hellgrün, nicht rotbraun überlaufen.** Blüten gelblich grün, **Kelchblätter und Fruchtknoten mit auffallend schwacher Anthocyanfärbung**.

Phänologie
Austrieb: mittel-spät. Blühbeginn: mittel. **Fruchtreife: spät.**

Anfälligkeiten
Anfällig für Amerikanischen Stachelbeermehltau. Geringe Platzneigung.

Besondere Eigenschaften
Mäßiger Ertrag.

Herkunft
Großbritannien, um 1850, gezüchtet von Crompton, Abstammung unbekannt.

Anmerkungen
Die beschriebene Akzession ist wohl degeneriert, die Früchte sind gegenüber der Sortenbeschreibung in Maurer (1913) zu klein und die typische Fruchtform wird nur selten ausgebildet.

Josselyn

Beere

Klein, rundlich, oft zu zweit. Stiellänge mittel, **Fruchtbasis mittel bis stark verlängert**. Schale fest, **blass braunrosa bis violettrot** auf gelblich grünem Grund, mit wenigen Atmungsflecken in lockeren, unterbrochenen Linien. **Oberfläche flaum- und borstenlos, auffallend stark bereift.** Mäßig aromatischer bis aromatischer, eher süßer Geschmack mit milder Säure, etwas mehlig.

Pflanze

Eher starker, breiter, überhängender Wuchs, zahlreiche Basistriebe, diese am Grund mit Stachelborsten. Einjährige Seitentriebe schlank, mittelstark bedornt, hell berindet. Dornen ein- bis dreiteilig. Austrieb hellgrün, nur schwach rotbraun überlaufen. Glanz der Sommerblätter eher schwach, Blattbasis gerade oder keilförmig. **Blüten meist zu zweit, seltener zu dritt, klein, Anthocyanfärbung der Kelchblätter auffallend schwach.**

Phänologie

Austrieb: sehr spät. Blühbeginn: spät. Fruchtreife: spät.

Anfälligkeiten

Robust. Kaum anfällig für Amerikanischen Stachelbeermehltau. Geringe Platzneigung.

Herkunft und Verbreitung

Kanada, 1876, gezüchtet von William Saunders, Ontario, Abstammung unbekannt. Nordamerika, in Europa selten.

Andere Sortennamen

Red Jacket (teilweise)

Anmerkungen

Wuchs- und Fruchteigenschaften zwischen 'Poorman' und 'Houghton'. Um 1900 war unter dem Namen 'Red Jacket' sowohl eine englische als auch eine amerikanische Sorte im Handel; Umbenennung der amerikanischen Sorte in 'Josselyn' durch George S. Josselyn 1899.

Jubilee Careless (?)

Beere
Groß bis sehr groß, elliptisch bis verkehrt eiförmig oder leicht birnenförmig, am Kelch oft schief. Stiel und Fruchtbasis mittel bis lang. Schale fest und eher dick, **weißlich grün bis weißlich gelbgrün**, sonnenwärts oft braunrötlich marmoriert, mit reich verzweigten, hellen, verwaschenen Adern. **Oberfläche** nur **schwach flaumig, mäßig bis stark borstig**. Bei Vollreife mäßig aromatischer, süß-säuerlicher Geschmack.

Pflanze
Eher starker, halb aufrechter Wuchs, viele Basistriebe. **Einjährige Seitentriebe halb aufrecht abstehend, schwach gebogen**, bis zur Spitze mäßig bewehrt. Dornen ein- bis dreifach. Blattbasis meist gerade, seltener seicht gebuchtet. Blüten mittel bis groß, mit mäßiger Anthocyanfärbung. **Drüsen der Borstenhaare am Fruchtknoten rötlich**.

Phänologie
Austrieb: früh-mittel. Blühbeginn: mittel. Fruchtreife: mittel.

Anfälligkeiten
Mäßig anfällig für Amerikanischen Stachelbeermehltau, stark anfällig für Blattfallkrankheit. Mäßige Platzneigung.

Besondere Eigenschaften
Ziemlich hoher Ertrag. Eine der größten Stachelbeeren. Beere nicht besonders ansehnlich.

Herkunft
Großbritannien, um 1978 gezüchtet an der East Malling Research Station, Kent.

Anmerkungen
Es sind mehrere Sorten mit dem Namen 'Careless' gezüchtet worden. Wie groß die Ambivalenz ist, zeigt eine Akzessionsliste von DEFRA, welche acht 'Careless'-Herkünfte nennt, mit vier verschiedenen Fruchtfarben. 'Jubilee Careless' gilt als virusfreie Auslese der Sorte 'Careless' und soll sich durch eine hohe Mehltautoleranz auszeichnen.

Keepsake

Beere
Groß, rundlich bis breit elliptisch, an der Basis meist abgeplattet. Länge von Stiel und Fruchtbasis mittel. **Schale dünn, weißlich grün bis gelbgrün, sonnenwärts fleckig rötlich braun marmoriert, stark geadert, Adern reich verzweigt. Oberfläche zerstreut bis schwach flaumhaarig und zerstreut drüsenborstig.** Intensiv aromatischer, süß-säuerlicher Geschmack.

Pflanze
Eher starker, breit halb aufrechter Wuchs. Einjährige Seitentriebe mittelstark bewehrt, zur Triebspitze hin nur schwach bedornt und teils dornenlos. **Dornen kurz, einfach**, sehr selten einzelne Doppeldornen untergemischt. Blattbasis gerade bis seicht gebuchtet. **Blüten meist einzeln, auffallend groß**, Kelchblätter mit mäßiger Anthocyanfärbung. Laub mit gelber Herbstfärbung.

Phänologie
Austrieb: früh-mittel. Blühbeginn: früh-mittel. Fruchtreife: mittel.

Anfälligkeiten
Anfällig für Amerikanischen Stachelbeermehltau.

Besondere Eigenschaften
Hoher Ertrag. Sehr gute Fruchtqualität, vielseitig verwendbar. Strauch dauerhaft.

Herkunft und Verbreitung
Großbritannien, vor 1841, gezüchtet von Banks, Abstammung unbekannt. In England ursprünglich weit verbreitet, gegen Ende des 19. Jahrhunderts in Deutschland eingeführt.

Andere Sortennamen
Berry's Early Giant, Terry's Early Kent, Profit

Anmerkungen
Entgegen den Sortenbeschreibungen in Maurer (1913) und Macherauch (1929) eher mittel reifend (statt ziemlich spät).

Lady Delamere

Beere
Mittel bis groß, **länglich elliptisch. Stiel kurz bis mittel, Fruchtbasis eher dünn** und von mittlerer Länge. **Schale dünn und durchscheinend, weißlich grün, bei Vollreife mit gelblichem Schein, Aderung auffallend stark und reich verzweigt. Oberfläche vereinzelt bis schwach flaumig, borstenlos.** Kurz vor der Vollreife guter, süßsäuerlicher Geschmack mit charakteristischem Aroma (kiwiartig). Bei Vollreife etwas fade und mit leicht bitterem Nachgeschmack.

Pflanze
Eher starker, breit halb aufrechter, etwas überhängender Wuchs. Einjährige Seitentriebe halb aufrecht, bis zur Spitze mittelstark bewehrt. **Dornen einfach, doppelt und dreifach in gleichen Anteilen. Junge Blätter deutlich rotbraun überlaufen.** Blattbasis gerade oder keilförmig. Blüten meist einzeln, Blütengröße mittel, **Anthocyanfärbung der Kelchblätter stark**.

Phänologie
Austrieb: mittel. Blühbeginn: mittel-spät. Fruchtreife: mittel.

Anfälligkeiten
Ziemlich stark anfällig für Amerikanischen Stachelbeermehltau. Geringe Platzneigung.

Besondere Eigenschaften
Relativ hoher, regelmäßiger Ertrag. Attraktive Beere. Haut etwas zäh.

Herkunft und Verbreitung
Großbritannien, vor 1826, gezüchtet von Wyld, Abstammung unbekannt. In England und auf dem Festland einst weit verbreitet in Gärten und im Erwerbsanbau.

Anmerkungen
Es sind auch Sorten aus der Gruppe der 'Weißen Triumphbeere' unter dem Namen 'Lady Delamere' im Umlauf, diese sind jedoch aufgrund der starken flaumigen Behaarung der Beeren leicht erkennbar.

Lancashire Lad (?)

Beere
Mittel bis groß, **rundlich bis breit elliptisch, oft schief und etwas abgeplattet**. Länge von Stiel und Fruchtbasis mittel. **Schale dick und fest, rot bis braunrot, bei Vollreife schwärzlich rot und kaum geadert**, mit deutlichen Atmungsflecken. **Oberfläche mäßig flaumig, schwach bis mäßig mit Drüsenborsten besetzt.** Würzig-aromatischer, süß-säuerlicher Geschmack, etwas schwammige Fruchtkonsistenz.

Pflanze
Eher starker, breit halb aufrechter, eher dichter Wuchs. **Basistriebe zahlreich, unten mit Stachelborsten.** Jahrestriebe bis zur Spitze schwach bis mittelstark bewehrt. Dornen größtenteils einfach, eher kurz. **Austrieb auffallend hellgrün, Anthocyanfärbung der jungen Blätter fehlend.** Blattbasis gebuchtet. Blüten meist einzeln, Blütengröße mittel, Kelchblätter mit mäßiger Anthocyanfärbung.

Phänologie
Austrieb: mittel. Blühbeginn: mittel-spät. Fruchtreife: mittel-spät.

Anfälligkeiten
Anfällig für Amerikanischen Stachelbeermehltau. Mäßige Platzneigung.

Besondere Eigenschaften
Mittlerer Ertrag, transportfest. Für Grünpflücke weniger geeignet.

Herkunft und Verbreitung
Großbritannien, vor 1831, gezüchtet von Hartshorn. In England ursprünglich verbreitet.

Anmerkungen
Etwas ähnlich 'Sämling von Maurer', doch Beeren kürzer gestielt und weniger borstig, spätere Reife.

Langley Gage

Beere
Klein bis mittel, **rundlich**. **Stiel eher kurz, Fruchtbasis kurz. Schale dünn, durchscheinend, gelblich weiß, reich und deutlich geadert**, mit unauffälligen Atmungsflecken. **Oberfläche dicht flaumhaarig, borstenlos.** Charakteristischer, fruchtig-aromatischer und auffallend süßer Geschmack.

Pflanze
Mittlere Wuchsstärke, **aufrechter bis halb aufrechter Wuchs**. Einjährige Jahrestriebe halb aufrecht, bis zur Spitze mittelstark bewehrt. Dornen lang und schlank, mehrheitlich einfach, aber regelmäßig auch Zwei- und Dreifachdornen vorhanden. Austrieb und junges Blatt hellgrün, mäßig rotbraun überlaufen. Sommerblätter klein, **Blattbasis gerade**. Blüten einzeln oder zu zweit, **Anthocyanfärbung der Kelchblätter stark**.

Phänologie
Austrieb: früh. Blühbeginn: früh. Fruchtreife: früh-mittel.

Anfälligkeiten
Ziemlich stark anfällig für Amerikanischen Stachelbeermehltau. Wenig empfindlich gegen Sonnenbrand.

Besondere Eigenschaften
Mittelhoher Ertrag, geringe Pflückleistung. Beeren am Strauch lange haltbar. Eine der wenigen ausgeprägt gelblich weißen Stachelbeerensorten.

Herkunft und Verbreitung
Großbritannien, um 1900, gezüchtet von J. Veitch & Sons, Chelsea bei London, Abstammung 'Pitmaston Green-Gage' × 'Telegraph'. In England und im nördlichen Mitteleuropa in den ersten Jahrzehnten des 20. Jahrhunderts ziemlich verbreitet, teilweise noch heute im Handel.

Lauffener Gelbe

Beere
Mittel bis groß, **rundlich bis elliptisch**. Stiellänge mittel, **Fruchtbasis auffallend kurz**. Schale **kräftig goldgelb**, matt, hell geadert. **Oberfläche dicht flaumhaarig, borstenlos oder seltener mit einzelnen kurzen Drüsenborsten, meist mit ein bis drei schuppig abstehenden, zungenförmigen Blättchen.** Aromatischer, süß-säuerlicher Geschmack, manchmal etwas fade.

Pflanze
Mittlere Wuchsstärke, halb aufrechter Wuchs, eher schwache Basistriebbildung. Einjährige Seitentriebe halb aufrecht, bis zur Spitze mittelstark bewehrt. Dornen größtenteils einfach, selten doppelt und dreifach. Blattbasis gerade oder keilförmig. Blüten mittel bis groß. Kelchblätter mit mäßiger, **Fruchtknoten mit schwacher Anthocyanfärbung**.

Phänologie
Austrieb: früh-mittel. **Blühbeginn: früh. Fruchtreife: sehr früh.**

Anfälligkeiten
Anfällig für Amerikanischen Stachelbeermehltau.

Besondere Eigenschaften
Mittlerer Ertrag. Beeren am Strauch nicht lange haltbar.

Herkunft
Deutschland, 1938, gezüchtet von Adolf Mauk, Lauffen am Neckar, Sämling der Sorte 'Pilot'.

Andere Sortennamen
Yellow Lauffener

Laxton's Amber

Beere
Klein bis mittel, rundlich bis rundlich abgeplattet. Stiel und Fruchtbasis kurz bis mittel. Schale dünn und durchscheinend, **leuchtend goldgelb, bei Vollreife bernsteinfarben und intensiv rot marmoriert**, hell und fein geadert. **Oberfläche flaumig behaart, dicht und regelmäßig borstig.** Charakteristisch aromatischer, überwiegend süßer Geschmack, bei Vollreife etwas fade.

Pflanze
Mittlere Wuchsstärke, **aufrechter bis halb aufrechter, dichter Wuchs. Basistriebe am Grund mit zahlreichen Stachelborsten.** Einjährige Seitentriebe aufrecht, bis zur Spitze **dicht mit scharfen, dreifachen Dornen besetzt**, vereinzelt auch Einfach- und Doppeldornen vorhanden. **Austrieb und junges Blatt dunkelgrün, mäßig rotbraun überlaufen. Sommerblätter hellgrün.** Blütengröße mittel, **Kelchblätter mit starker, Fruchtknoten mit schwacher Anthocyanfärbung**.

Phänologie
Austrieb: mittel. Blühbeginn: mittel-spät. Fruchtreife: früh-mittel.

Anfälligkeiten
Stark anfällig für Amerikanischen Stachelbeermehltau. Geringe Platzneigung. Wenig empfindlich gegen Sonnenbrand.

Besondere Eigenschaften
Mittlerer Ertrag. Schöne Beere. Schlechte Pflückbarkeit.

Herkunft
Großbritannien, um 1900, gezüchtet von den Gebrüdern Laxton, Bedford, Abstammung unbekannt, wohl ein Abkömmling von 'Früheste Gelbe'.

Anmerkungen
Ähnlich 'Früheste Gelbe', aber Beeren stark rot marmoriert und stets rund, spätere Fruchtreife, höhere Mehltauanfälligkeit.

Lord Derby

Beere
Groß bis sehr groß, **rundlich abgeplattet bis breit elliptisch, schief**, an der Fruchtbasis und am Kelch teilweise etwas eingedellt. Stiel kurz bis mittel, **Fruchtbasis lang, fleischig. Schale farbenreich, fleckig verwaschen orangerot bis bräunlich rot auf gelblichem Grund, bei Vollreife mit dunkelviolettroten Flecken.** Aderung schwach, mit deutlichen Atmungsflecken. **Oberfläche schwach flaumig, zerstreut borstig bis borstenlos.** Geschmack aromatisch, **auffallend süß mit milder Säure**.

Pflanze
Schwacher, breiter, eher lockerer Wuchs, eher schwache Basistriebbildung. **Einjährige Seitentriebe auffallend waagerecht abstehend**, mäßig bewehrt und zur Triebspitze hin abnehmend. **Dornen vorwiegend dreifach**, auch einzelne und doppelte Dornen vorhanden. **Austrieb und junges Blatt auffallend hellgrün, ohne Anthocyanfärbung.** Blüten mittel bis groß, **Kelchblätter mit schwacher Anthocyanfärbung**.

Phänologie
Austrieb: früh-mittel. **Blühbeginn: spät. Fruchtreife: spät.**

Anfälligkeiten
Stark anfällig für Amerikanischen Stachelbeermehltau. Geringe Platzneigung.

Herkunft
Großbritannien, um 1866, gezüchtet von B. Bradley, Abstammung unbekannt. In England ursprünglich verbreitet (Schaufrucht), auf dem Festland kaum bekannt.

Macherauchs Resistenta

Beere
Mittlere Größe, **rundlich bis breit elliptisch**, etwas unregelmäßig. **Oft zu zweit, mit dünnem, langem Stiel** und mittlerer bis langer Fruchtbasis. Schale ziemlich dick und fest, **hellgelbgrün bis schmutzig gelb**, mit deutlichen, wenig verzweigten, hellen Adern. **Oberfläche praktisch flaumlos, borstenlos, ziemlich stark grauweiß bereift.** Sehr aromatischer, auffallend **süßer Geschmack** mit milder, aber lebendiger Säure.

Pflanze
Starker, breit halb aufrechter, sparriger Wuchs mit waagerecht abstehenden Seitentrieben. Jahrestriebe dick, durchschnittlich bewehrt, **mit langen, scharfen, einfachen Dornen. Blüten klein, mit langen, aus der Krone ragenden Staubblättern und rot gefärbten, zurückgeschlagenen Kelchblättern. Fruchtknoten mit ziemlich starker Anthocyanfärbung.**

Phänologie
Austrieb: spät. Blühbeginn: mittel. Fruchtreife: mittel-spät.

Anfälligkeiten
Kaum anfällig für Amerikanischen Stachelbeermehltau. Mäßig anfällig für Blattfallkrankheit. Geringe Platzneigung.

Besondere Eigenschaften
Ausgezeichneter Geschmack. Mittlerer Ertrag, **schlechte Pflückbarkeit, ungleichmäßige Fruchtreife**. **Eignet sich für die Spaliererziehung und den biologischen Anbau.**

Herkunft und Verbreitung
Deutschland, um 1950, gezüchtet von O. Macherauch, Müncheberg, Mehrfachkreuzung unter Beteiligung von *Ribes divaricatum* und den Sorten 'Goldkugel' und 'Gelbe Riesenbeere'. In Deutschland und Polen früher ziemlich verbreitet, heute noch gelegentlich in Hausgärten.

Andere Sortennamen
Resistenta

Anmerkungen
Ähnlich der Schwesternsorte 'Macherauchs Robustenta', diese jedoch weniger aromatisch und mit grünlich weißen Früchten.

Macherauchs Robustenta

Beere
Mittlere Größe, **rundlich**, auch breit elliptisch, an der Fruchtbasis und am Kelch oft etwas abgeplattet. **Stiel auffallend lang**, Fruchtbasis kurz bis mittel. **Schale fest und dick, etwas fleischig, milchig weißlich grün**, bei Vollreife auch weißlich gelbgrün, eher schwach geadert. **Oberfläche flaum- und borstenlos, stark bereift.** Aromatischer, überwiegend süßer Geschmack.

Pflanze
Starker, dichter, sparriger, breit halb aufrechter Wuchs. Einjährige Seitentriebe halb aufrecht bis fast waagerecht, dick, **mäßig bewehrt, Triebspitze fast dornenlos**. Dornen mehrheitlich einfach, einige Zweifachdornen vorhanden. Austrieb deutlich rotbraun überlaufen. Blattbasis gebuchtet. **Blüten zu zweit oder zu dritt, klein, Kelchblätter mit starker Anthocyanfärbung.**

Phänologie
Austrieb: sehr spät. Blühbeginn: spät. Fruchtreife: mittelspät.

Anfälligkeiten
Kaum anfällig für Amerikanischen Stachelbeermehltau. Geringe Platzneigung.

Besondere Eigenschaften
Mittlerer Ertrag. Gut geeignet für den biologischen Anbau.

Herkunft und Verbreitung
Deutschland, um 1950, gezüchtet von O. Macherauch, Müncheberg, Abstammung Mehrfachkreuzung unter Beteiligung von *Ribes divaricatum* und den Sorten 'Goldkugel' und 'Gelbe Riesenbeere'. In Deutschland ursprünglich ziemlich verbreitet, sonst nur vereinzelt.

Andere Sortennamen
Robustenta

Maiherzog

Beere

Mittlere Größe, **rundlich bis rundlich abgeplattet**. Ziemlich lang und dünn gestielt, **Fruchtbasis auffallend kurz**. Schale dünn, ziemlich fest, **anfänglich leuchtend hellrot mit grünlichen bis hellroten, reich verzweigten Adern und dunkleren Flecken, bei Vollreife weinrot. Oberfläche flaumlos oder mit zerstreuten Flaumhärchen, borstenlos oder mit einzelnen, zerstreuten Borstenhaaren.** Intensiver, süß-säuerlicher Geschmack, bei Vollreife etwas wenig Säure.

Pflanze

Mittlere Wuchsstärke, halb aufrechter, an der Spitze leicht überhängender Wuchs, eher schwache Basistriebbildung. **Einjährige Seitentriebe halb aufrecht, schlank, Rinde im Winter auffallend hell**, mäßig bewehrt, **an der Spitze dornenlos**. Dornen lang und dünn, einfach, selten einzelne Doppeldornen untergemischt. **Austrieb und junges Blatt hellgrün**, nicht oder nur schwach rotbraun überlaufen. Blattbasis meist gerade, seltener keilförmig. Blüten meist einzeln, Blütengröße mittel, Kelchblätter mit schwacher bis mittlerer, Fruchtknoten mit schwacher Anthocyanfärbung. Oft leuchtend orangerote Herbstfärbung.

Phänologie

Austrieb: früh-mittel. **Blühbeginn: früh. Fruchtreife: früh.**

Anfälligkeiten

Anfällig für Amerikanischen Stachelbeermehltau. Mäßig empfindlich gegen Sonnenbrand. Geringe Platzneigung.

Besondere Eigenschaften

Eine der frühesten roten Stachelbeerensorten. Regelmäßiger, mittlerer Ertrag. Gute Pflückbarkeit und Transportfähigkeit. **Beeren besonders kurz vor der Vollreife attraktiv und wohlschmeckend.** Halten sich lange am Strauch.

Herkunft und Verbreitung

Großbritannien, um 1800, Züchter und Abstammung unbekannt. Um 1900 in Deutschland eingeführt und verbreitet. Heute noch vereinzelt in Hausgärten und im Erwerbsanbau.

Andere Sortennamen

May Duke

Mauks Frühe Rote

Beere
Mittlerer Größe, **rund bis rundlich abgeplattet**. Stiellänge mittel, **Fruchtbasis auffallend kurz. Schale dünn**, zuerst leuchtend hellrot, deutlich geadert, durchscheinend, bei Vollreife durchgehend **weinrot. Oberfläche glänzend, schwach bis mäßig flaumig behaart, borstenlos** oder mit wenigen unauffälligen, kurzen Drüsenborsten. **Sehr guter Geschmack mit angenehmer Säure.**

Pflanze
Mittlere Wuchsstärke, halb aufrechter, relativ dichter Wuchs. **Einjährige Seitentriebe aufrecht, schlank**, etwas bogig, **hell berindet**, bis zum Triebende mittelstark bewehrt, Dornen einfach, einzelne wenige Doppel- und Dreifachdornen untergemischt. **Austrieb und junges Blatt auffallend hellgrün, ohne Anthocyanfärbung. Sommerblätter klein, Blattbasis gerade.** Blüten eher klein. Kelchblätter mit mäßiger, **Fruchtknoten mit fehlender oder sehr schwacher Anthocyanfärbung**.

Phänologie
Austrieb: sehr früh. Blühbeginn: früh. Fruchtreife: sehr früh.

Anfälligkeiten
Mäßig anfällig für Amerikanischen Stachelbeermehltau. Geringe Platzneigung.

Besondere Eigenschaften
Mittlerer bis hoher Ertrag. Beeren halten sich lange am Strauch, bereits kurz vor der Vollreife genießbar. **Wohl die früheste rotfruchtige Stachelbeere.**

Herkunft und Verbreitung
Deutschland, 1945, gezüchtet von Adolf Mauk, Lauffen am Neckar, Sämling von 'Maiherzog'. Selten im Erwerbsanbau und in Hausgärten.

Andere Sortennamen
Mauk's Early Red

Anmerkungen
Ähnlich 'Maiherzog', doch Beeren etwas kleiner und noch früher reif, kompakterer Wuchs.

Oregon Champion (?)

Beere
Klein bis mittel, rundlich bis breit elliptisch. **Stiel kurz, Fruchtbasis kurz bis mittel. Schale dünn** und durchscheinend, **gelblich weiß, deutlich geadert**. **Oberfläche** mäßig flaumig, **mit zahlreichen langen Borstenhaaren, mäßig bereift**. Mäßig aromatisch, saftig, überwiegend süßer Geschmack.

Pflanze
Eher starker, eher aufrechter, dichter Wuchs, zahlreiche Basistriebe. Einjährige Seitentriebe halb aufrecht, mittelstark bewehrt. Dornen schlank, vorwiegend einteilig, aber auch einzelne Zweifachdornen untergemischt. **Austrieb und junges Blatt auffallend dunkelgrün und stark rotbraun überlaufen.** Blattbasis gerade bis keilförmig. **Blüten meist einzeln**, klein bis mittel, **Anthocyanfärbung stark**.

Phänologie
Austrieb: früh-mittel. Blühbeginn: früh-mittel. Fruchtreife: früh-mittel.

Anfälligkeiten
Mäßig anfällig für Amerikanischen Stachelbeermehltau.

Besondere Eigenschaften
Mittlerer, regelmäßiger Ertrag, mäßige Pflückleistung. Eine der wenigen gelblich weißen Stachelbeeren.

Herkunft und Verbreitung
USA, 1880, gezüchtet von O. D. Dickinson, Salem (Oregon), angeblich 'Crown Bob' × 'Houghton'. Möglicherweise auch ein Sämling von 'Downing'. In Europa selten, aus der Sammlung von Rein Baars (Niederlande) erhalten.

Andere Sortennamen
Oregon, Champion

Perle der Mark

Beere

Klein bis mittel, meist **birnenförmig oder verkehrt eiförmig**, seltener elliptisch, am Kelch deutlich abgeplattet. **Beeren meist zu zweit, lang und dünn gestielt, mit stark verlängerter Fruchtbasis.** Schale fest, **weißlich grün bis gelblich grün**, sonnenwärts teilweise rötlich überlaufen, fein geadert. **Oberfläche flaum- und borstenlos, stark bereift.** Ausgezeichneter, charakteristischer, intensiv aromatischer, **süßer Geschmack mit erfrischender Säure**.

Pflanze

Starker, dichter, hoher, halb aufrechter Wuchs, viele Basistriebe. Einjährige Seitentriebe halb aufrecht, dick, bis zur Spitze mittelstark mit **kräftigen, scharfen Dornen** besetzt. Dornen vorwiegend einzeln, aber auch zwei- und dreifach. Austrieb und junges Blatt dunkelgrün, deutlich rotbraun überlaufen. Sommerblätter groß. Blüten meist zu zweit, Blütengröße mittel, **Kelchblätter und Fruchtknoten mit auffallend starker Anthocyanfärbung**.

Phänologie

Austrieb: sehr spät. Blühbeginn: mittel-spät. Fruchtreife: mittel-spät.

Anfälligkeiten

Kaum anfällig für Amerikanischen Stachelbeermehltau. Geringe Platzneigung. Kälteresistent.

Besondere Eigenschaften

Regelmäßig und reich tragend, transportfest. Gute Pflückbarkeit. Am Strauch ohne Qualitätsverlust lange haltbar. Das Fruchtaroma erinnert etwas an Akazienhonig.

Herkunft und Verbreitung

Deutschland, 1959, gezüchtet von O. Macherauch, 'Goldkugel' × *Ribes divaricatum*. Selten in Hausgärten.

Andere Sortennamen

Rochusbeere

Pilot

Beere
Mittel bis groß, **rundlich**, auch rundlich abgeplattet, breit elliptisch oder fast zylindrisch, **an Kelch und Stiel meist abgeplattet bis eingedellt**, oft etwas schief. **Stiel und Fruchtbasis auffallend lang.** Schale fest, erst gelbgrün, vollreif **zitronen- bis goldgelb**, sonnenwärts rötlich marmoriert, **Aderung auffallend schwach. Oberfläche flaumhaarig, mäßig borstig.** Sehr aromatischer, süßer, mild säuerlicher Geschmack.

Pflanze
Mittlere Wuchsstärke, etwas gedrungener, breit halb aufrechter, leicht überhängender Wuchs, eher schwache Basistriebbildung. Einjährige Seitentriebe halb aufrecht bis waagerecht abstehend, bis zur Spitze mittelstark bewehrt. Dornen ein- bis dreiteilig, wobei die einfachen überwiegen. **Blüten auffallend groß**, Kelchblätter mit mäßiger Anthocyanfärbung, **Borstendrüsen am Fruchtknoten rot**.

Phänologie
Austrieb: mittel-spät. **Blühbeginn: spät.** Fruchtreife: mittel.

Anfälligkeiten
Mäßig anfällig für Amerikanischen Stachelbeermehltau und Blattfallkrankheit. Geringe Platzneigung.

Besondere Eigenschaften
Regelmäßiger, aber nur mittlerer Ertrag. **Gute Pflückbarkeit.** Beeren halten sich lange am Strauch.

Herkunft
Großbritannien, um 1840, gezüchtet von Wood, Abstammung unbekannt.

Anmerkungen
'Pilot' ähnelt laut Maurer (1913) der Sorte 'Broom Girl', Letztere ist aber aufrecht wachsend, früh reifend und die Frucht matt grüngelb.

Pixwell (?)

Beere
Sehr klein, rundlich, zu zweit oder zu dritt. Lang gestielt, mit meist stark verlängerter Fruchtbasis. Schale fest, rot bis violettrot, bei Vollreife dunkel violettrot, Aderung kaum sichtbar. Oberfläche mäßig dicht mit langen Flaumhaaren bedeckt, borstenlos, stark bereift. Mäßig aromatischer, charakteristischer, überwiegend süßer, bei Vollreife etwas mehliger Geschmack.

Pflanze
Eher starker, halb aufrechter, eher lockerer Wuchs, schwache Basistriebbildung. Einjährige Seitentriebe halb aufrecht, schlank, stark bogig, schwach bewehrt, Triebspitze dornenlos. Die wenigen Dornen lang und kräftig, einfach. Blüten klein bis höchstens mittel, Kelchblätter sehr schmal, mit schwacher bis mäßiger Anthocyanfärbung, Fruchtknoten ohne Anthocyanfärbung. Blätter mit auffallend orangeroter Herbstfärbung.

Phänologie
Austrieb: sehr spät. Blühbeginn: spät. Fruchtreife: spät.

Anfälligkeiten
Kaum anfällig für Amerikanischen Stachelbeermehltau. Geringe Platzneigung.

Besondere Eigenschaften
Gute Pflückbarkeit. Mäßiger Ertrag, Fruchtreife folgernd.

Herkunft und Verbreitung
USA, 1920, gezüchtet von A. Yeager, North Dakota Experiment Station, Abstammung *Ribes missouriense* × 'Oregon Champion'. In den USA noch im Pflanzenhandel, in Mitteleuropa wohl wenig verbreitet.

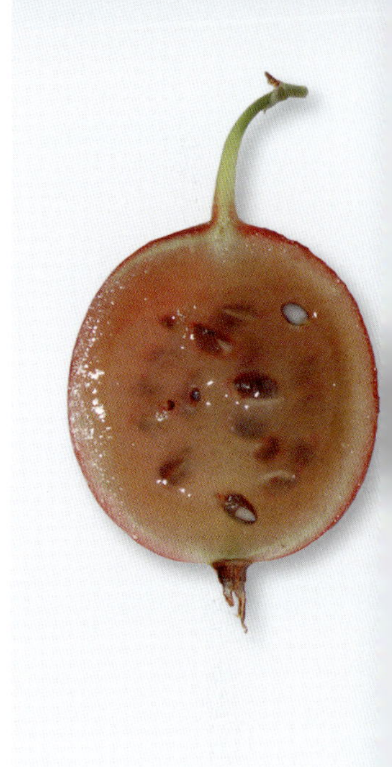

Poorman

Beere
Mittlere Größe, **elliptisch bis verkehrt eiförmig**. Stiel kurz bis mittel, **mit auffallend stark verlängerter Fruchtbasis. Schale ziemlich dick und fest, etwas hart**, zuerst hellgrün und verwaschen hellrosa überlaufen, **bei Vollreife rosaviolett bis dunkelweinrot**, undeutlich geadert. **Oberfläche flaum- und borstenlos, stark bereift.** Sehr guter, vollaromatischer, süß-säuerlicher Geschmack.

Pflanze
Sehr starker, hoher, breit halb aufrechter, etwas flattriger, auseinanderfallender Wuchs. Einjährige Seitentriebe halb aufrecht, schlank, unregelmäßig bewehrt. Dornen ein- bis dreiteilig, kräftig, zum Triebende hin meist kurz oder fehlend. Sommerblätter fast glanzlos, **Blattbasis gerade. Blüten meist zu zweit, Blütengröße mittel,** Kelchblätter mit mäßiger, Fruchtknoten mit schwacher Anthocyanfärbung. Herbstfärbung der Blätter leuchtend rot.

Phänologie
Austrieb: sehr spät. Blühbeginn: sehr spät. Fruchtreife: spät bis sehr spät.

Anfälligkeiten
Robust, schwach bis mäßig anfällig für Amerikanischen Stachelbeermehltau. Geringe Platzneigung.

Besondere Eigenschaften
Ziemlich hoher Ertrag. **Stark folgernde Fruchtreife. Transportfest.** Aufgrund der vergleichsweise geringen Mehltauanfälligkeit geeignet für den biologischen Anbau. Eine der wenigen Stachelbeerensorten, die über Steckhölzer vermehrt werden kann.

Herkunft und Verbreitung
USA, 1888, gezüchtet von W. H. Craighead, Brigham City (Utah), angeblich Abkömmling der Sorte 'Houghton'. In Europa wenig verbreitet, vereinzelt in Erwerbsanlagen.

Rawlinsons Victory

Beere
Groß, **elliptisch**. Stiellänge mittel, **Fruchtbasis kurz**. **Schale fest**, zuerst verwaschen bräunlich rot bis hellrot, **vollreif violettrot bis braunrot mit kaum sichtbarer Aderung**, wenige Atmungsflecke. **Oberfläche stark flaumhaarig, borstenlos.** Geschmack sehr aromatisch, süß-säuerlich.

Pflanze
Eher starker, mäßig dichter, halb aufrechter Wuchs. Einjährige Seitentriebe halb aufrecht, etwas gebogen, bis zur Spitze mäßig bewehrt mit ein- bis dreiteiligen Dornen. **Austrieb und junges Blatt ohne oder mit schwacher Anthocyanfärbung.** Sommerblätter dunkelgrün, **Basis der Blattspreite gerade. Blüten auffallend groß.** Kelchblätter mit mittlerer, **Fruchtknoten mit schwacher Anthocyanfärbung, teilweise mit schwacher Drüsenbehaarung**.

Phänologie
Austrieb: früh. Blühbeginn: früh-mittel. Fruchtreife: mittelspät.

Anfälligkeiten
Anfällig für Amerikanischen Stachelbeermehltau.

Besondere Eigenschaften
Beeren am Strauch lange haltbar. Strauch dauerhaft.

Herkunft
Großbritannien, vor 1852, gezüchtet von Rawlinson, Abstammung unbekannt.

Anmerkungen
Sehr ähnlich 'Rote Triumphbeere', bei 'Victory' Austrieb aber tendenziell früher und ohne Anthocyanfärbung, Früchte stärker elliptisch und immer borstenlos, Fruchtbasis im Schnitt kürzer. Nach Maurer (1913) wurden mindestens fünf verschiedene Sorten mit dem Namen 'Victory' gezüchtet.

Red Champagne

Beere
Klein bis mittel, **breit elliptisch**, auch rundlich oder verkehrt eiförmig. Stiel und Fruchtbasis kurz bis mittel. Schale ziemlich dick, **zuerst hellrot auf gelblichem Grund mit deutlicher rosa Aderung, bei Fruchtreife rot bis bräunlich rot und Aderung verschwindend. Oberfläche** schwach bis mäßig flaumig, **mäßig viele bis zahlreiche rote Borsten**. Geschmack aromatisch und süß-säuerlich.

Pflanze
Eher starker, **aufrechter, dichter Wuchs. Einjährige Seitentriebe aufrecht und gerade, stark bewehrt**, zur Triebspitze hin Dornen abnehmend. Dornen vorwiegend einfach, auch einige doppelte und wenige dreifache vorhanden. **Austrieb und junges Blatt stark rotbraun überlaufen.** Blüten mittel bis groß, Kelchblätter mit mäßiger Anthocyanfärbung, Fruchtknoten mit vielen Drüsenhaaren, diese mit rötlichen Drüsen.

Phänologie
Austrieb: früh-mittel. Blühbeginn: früh-mittel. Fruchtreife: mittel.

Anfälligkeiten
Anfällig für Amerikanischen Stachelbeermehltau.

Besondere Eigenschaften
Sehr schmackhaft und besonders für den Frischverzehr geeignet. Am Strauch lange haltbar.

Herkunft und Verbreitung
Großbritannien, vor 1817, Züchter und Abstammung unbekannt. Früher in Europa und den USA weit verbreitet, heute selten.

Andere Sortennamen
Countess of Errol, Dr. Davies' Upright

Red Warrington

Beere
Klein bis mittel, elliptisch bis rundlich. Stiel kurz bis mittel, **Fruchtbasis außergewöhnlich kurz**. Schale fest und etwas dick, **zuerst rosa auf gelblich weißem Grund** und hell geadert, **später leuchtend hellrot, bei Vollreife dunkelrot mit dunkleren Flecken**. **Oberfläche** mäßig flaumig, **dicht mit starken Borstenhaaren besetzt, diese regelmäßig über die Frucht verteilt**. Guter, süß-säuerlicher Geschmack.

Pflanze
Starker, sparriger, dichter, breiter Wuchs. Einjährige Seitentriebe halb aufrecht bis waagerecht abstehend, **bis zur Spitze auffallend dicht und kräftig bewehrt. Dornen lang und scharf, dreiteilig,** höchstens einzelne Doppel- und Einfachdornen vorhanden. **Austrieb und junges Blatt hellgrün**, kaum rotbraun überlaufen. **Sommerblätter klein.** Blüten meist einzeln, Blütengröße mittel, **Anthocyanfärbung der Kelchblätter und des Fruchtknotens fehlend bis schwach**.

Phänologie
Austrieb: sehr früh. Blühbeginn: früh. Fruchtreife: sehr spät.

Anfälligkeiten
Anfällig für Amerikanischen Stachelbeermehltau. Geringe Platzneigung.

Besondere Eigenschaften
Optisch attraktive Beere, vor allem kurz vor der Vollreife. Mittlerer Ertrag. Gute Transportfähigkeit. Geeignet für Spaliererziehung. Fruchtfleisch fast farblos.

Herkunft und Verbreitung
Großbritannien, um 1800, Züchter und Abstammung unbekannt. In England, Deutschland und den USA früher weit verbreitet, heute noch vereinzelt in Privatgärten.

Andere Sortennamen
Aston, Ashton Red, Aston Seedling, Späte Rauhe Rote, Volunteer, Warrington

Anmerkungen
Sorte ähnlich 'Rifleman', doch Wuchs breiter und etwas hängend, mit vorwiegend dreiteiligen Dornen, Beere elliptischer und stärker borstenhaarig.

Rifleman

Beere
Mittlere Größe, **rundlich**. Länge von Stiel und Fruchtbasis mittel. Schale fest und etwas dick, **bei beginnender Fruchtreife rot auf gelblich weißem Grund, später fleckig dunkelweinrot, mit auffälligen Atmungsflecken. Oberfläche** ziemlich **dicht flaumhaarig, vor allem in der oberen Beerenhälfte mit zahlreichen langen Drüsenborsten**. Intensiv aromatischer, süß-säuerlicher Geschmack.

Pflanze
Mittlere Wuchsstärke, halb aufrechter Wuchs. **Einjährige Seitentriebe halb aufrecht abstehend, sehr kräftig**, bis zur Spitze mittelstark bis stark bewehrt. **Dornen scharf und lang, größtenteils einfach**, aber stets auch einzelne Zwei- und Dreifachdornen vorhanden. **Austrieb auffallend hellgrün, ohne rotbraune Überfärbung.** Sommerblätter dunkelgrün, eher stark glänzend. Blüten meist einzeln, von mittlerer Größe. **Kelchblätter mit schwacher bis mittlerer, Fruchtknoten mit fehlender bis sehr schwacher Anthocyanfärbung.**

Phänologie
Austrieb: früh. Blühbeginn: früh. Fruchtreife: spät.

Anfälligkeiten
Anfällig für Amerikanischen Stachelbeermehltau.

Besondere Eigenschaften
Mittlerer Ertrag. Dekorative Beere.

Herkunft und Verbreitung
Großbritannien, vor 1828, gezüchtet von Leigh, Abstammung unbekannt. In England früher eine Hauptsorte, vor allem in der Gegend von London. Im deutschen Sprachraum wenig verbreitet.

Andere Sortennamen
Admirable (Grange), Duke of York (Allcock), Royal Anne (Yates)

Anmerkungen
Ähnlich 'Red Warrington', doch Dornen mehrheitlich einfach und Wuchs stärker aufrecht. Unterscheidet sich von 'Späte Hellrote' durch die borstigen Beeren.

Rolonda (?)

Beere

Mittlere Größe, **elliptisch bis birnenförmig**, teilweise auch verkehrt eiförmig. **Stiel kurz, Fruchtbasis mittel bis lang, stark fleischig verdickt.** Schale dick und fest, **dunkelweinrot bis schwarzviolett, wenn vollreif**, Aderung schwach. **Oberfläche stark flaumig, mehr oder weniger borstenlos.** Geschmack mäßig aromatisch, süß-säuerlich.

Pflanze

Starker, halb aufrechter, überhängender Wuchs. **Einjährige Seitentriebe schlank, halb aufrecht bis aufrecht, leicht aufsteigend gebogen, schwach bewehrt. Dornen einfach, einzelne Zweifachdornen untergemischt.** Austrieb und junges Blatt mit mäßiger Anthocyanfärbung. Sommerblätter dunkelgrün, **Blattbasis gebuchtet. Blüten groß, Kelchblätter mit starker Anthocyanfärbung.**

Phänologie

Austrieb: mittel. Blühbeginn: mittel-spät. Fruchtreife: mittel-spät.

Anfälligkeiten

Robust, nicht anfällig für Amerikanischen Stachelbeermehltau.

Besondere Eigenschaften

Reift folgernd. Am Strauch auffallend lange haltbar.

Herkunft

Deutschland, um 1987, gezüchtet von Dr. R. Bauer, Max-Planck Institut, Köln-Vogelsang, aus freier Abblüte der Sorte 'London'.

Anmerkungen

Unter dem Namen 'Rokula' erhalten, nach der beschreibenden Sortenliste des Bundessortenamts ist dieser Name aber falsch. 'Rokula' und 'Rolonda' sind wohl unter dem jeweils anderen Namen verbreitet in Umlauf.

Rote Frankfurter

Beere

Klein bis mittel, rundlich, am Stiel abgeplattet bis leicht eingedellt, zum Kelch hin breit herzförmig zulaufend. Stiel lang, Fruchtbasis kurz bis mittel. Schale etwas dick und fest, zuerst rot und geadert, später **dunkelweinrot bis schwarzrot**, matt, **mit auffällig großen, linienförmig angeordneten Atmungsflecken. Oberfläche dicht flaumhaarig und in der oberen Fruchthälfte kurz borstenhaarig.** Sehr guter, charakteristisch würziger, süß-säuerlicher Geschmack.

Pflanze

Starker, halb aufrechter bis aufrechter, eher dichter Wuchs. Basistriebe zahlreich, am Grund mit vielen Stachelborsten besetzt. **Einjährige Seitentriebe halb aufrecht, zickzackförmig hin- und hergebogen, bis zum Triebende dicht bewehrt. Dornen kräftig, oft etwas rückwärtsgerichtet, vorwiegend dreiteilig**, aber auch Einfach- und Doppeldornen vorhanden. **Austrieb und junges Blatt hellgrün**, beim Knospenaufbruch kurze Zeit rotbraun überlaufen. **Blüten meist einzeln.** Kelchblätter mit mittelstarker, **Fruchtknoten mit schwacher Anthocyanfärbung**. Gelb- bis orangerote Herbstfärbung des Laubes.

Phänologie

Austrieb: früh-mittel. **Blühbeginn: früh.** Fruchtreife: früh-mittel.

Anfälligkeiten

Mäßig anfällig für Amerikanischen Stachelbeermehltau. Geringe Platzneigung. Wenig empfindlich gegen Sonnenbrand.

Besondere Eigenschaften

Regelmäßiger, unter idealen Bedingungen ziemlich hoher Ertrag. Etwas folgernde Reife. Am Strauch lange haltbar. Dekorative Beere. Transportfest.

Herkunft und Verbreitung

Deutschland, vor 1913, in den Handel gebracht von H. Jungclaussen, Frankfurt an der Oder. Abstammung unbekannt *(Ribes uva-crispa)*. Regelmäßig, aber eher selten in alten Hausgärten. In der Schweiz neben der 'Roten Triumphbeere' aktuell die verbreitetste alte rote Stachelbeerensorte in Hausgärten.

Andere Sortennamen

Frankfurter Rote, Frankfurt Red

Anmerkungen

Nach Maurer (1913) sehr ähnlich 'Scotch Nutmeg', Letztere jedoch mit einfachen Dornen, früherer Fruchtreife und stärker glänzenden, weniger flaumigen Früchten.

Rote Triumphbeere

Beere

Mittel bis groß, rundlich bis elliptisch. Länge von Stiel und Fruchtbasis mittel. **Schale dick und fest**, zuerst verwaschen rotbraun und hell geadert, dann **dunkelweinrot und Adern kaum sichtbar**, sonnenwärts auch fast schwarzrot, mit deutlichen Atmungsflecken. **Oberfläche stark flaumig, borstenlos bis leicht drüsenborstig.** Guter, süß-säuerlicher Geschmack.

Pflanze

Starker Wuchs, halb aufrecht, **Basistriebe zahlreich, am Grund mit Stachelborsten**. Einjährige Seitentriebe halb aufrecht, kräftig, bis zur Spitze mittelstark mit eher langen, scharfen, ein- bis dreiteiligen Dornen besetzt. Austrieb und junges Blatt schwach bis mäßig rotbraun überlaufen. **Sommerblätter stark glänzend, dunkelgrün.** Blüten mittel bis groß. Kelchblätter mit schwacher bis mittlerer, **Fruchtknoten mit schwacher Anthocyanfärbung**. Blätter im Herbst meist leuchtend gelborange.

Phänologie

Austrieb: mittel. Blühbeginn: mittel-spät. Fruchtreife: mittelspät.

Anfälligkeiten

Anfällig für Amerikanischen Stachelbeermehltau und Blattfallkrankheit. Geringe Platzneigung. Wenig empfindlich gegen Sonnenbrand.

Besondere Eigenschaften

Hoher, regelmäßiger Ertrag. Gute Pflückbarkeit. Gute Transportfähigkeit. Fruchtreife etwas folgernd, **Beeren am Strauch lange haltbar**. **Strauch dauerhaft**, gedeiht an vielen Standorten.

Herkunft und Verbreitung

Großbritannien, 1835, gezüchtet von Robert Whinham, Morpeth (Schottland), Abstammung unbekannt. Weit verbreitet in alten Hausgärten und im Erwerbsanbau. Um 1855 auch nach Nordamerika eingeführt und in der Folge eine der bedeutendsten europäischen Stachelbeeren.

Andere Sortennamen

Industry, Rote Triumph, Winham's Industry

Anmerkungen

Weitere ähnliche Formen im Umlauf, welche sich in Beerengröße, Anzahl Drüsenborsten oder Reifezeit geringfügig unterscheiden. Ob es sich dabei um genetisch eigenständige Sorten handelt, muss vorerst offenbleiben.

Rumbullion

Beere
Klein, meist **gleichmäßig rund, oft zu zweit, gedrängt**. Stiellänge kurz bis mittel, **Fruchtbasis meist auffallend kurz. Schale ziemlich dick und fest**, durchscheinend, **grünlich gelb bis goldgelb, bei Vollreife cognacfarben**, mit ausgeprägten und wenig verzweigten Adern. **Atmungsflecke groß, grün umrandet und zahlreich. Oberfläche stark flaumig, borstenlos.** Intensiv aromatischer, süß-säuerlicher Geschmack.

Pflanze
Mittlerer bis starker, etwas gedrungener und dichter, aufrechter bis halb aufrechter Wuchs. **Einjährige Seitentriebe halb aufrecht bis aufrecht, kurzgliedrig**, schlank, etwas hin- und hergebogen, **bis zur Spitze stark bewehrt**. **Dornen relativ kurz, vorwiegend dreifach**, rotbraun. **Sommerblätter auffallend dunkelgrün**, eher klein. **Blüten klein**, Kelchblätter mit mittlerer bis starker Anthocyanfärbung.

Phänologie
Austrieb: sehr früh. Blühbeginn: früh. Fruchtreife: mittelspät.

Anfälligkeiten
Anfällig für Amerikanischen Stachelbeermehltau. Geringe Platzneigung, unempfindlich gegen Sonnenbrand.

Besondere Eigenschaften
Mittlerer Ertrag. Beere hält sich lange am Strauch. Eher schwer pflückbar. Gute Transportfähigkeit. Attraktive Frucht.

Herkunft und Verbreitung
Großbritannien, wohl vor 1800. Abstammung unbekannt *(Ribes uva-crispa)*. Selten in alten Hausgärten.

Andere Sortennamen
Round Yellow (in England), Merten's Weinstachelbeere, 'Yellow Globe' der Gärten (in England)

Anmerkungen
Entgegen der Sortenbeschreibung in Maurer (1913) mit vorwiegend dreifachen Dornen.

Runde Gelbe

Beere
Klein bis mittel, rundlich bis breit elliptisch, zum Stiel hin teilweise leicht zulaufend und zum Kelch hin etwas abgeplattet, oft schief. Stiel mittel bis lang, Fruchtbasis kurz bis mittel. Schale fest und dünn, **matt gelb auf olivgrünem Grund**, mit starker Aderung und großen, grünen Atmungsflecken. **Oberfläche flaumig, borstenlos.** Charakteristisch aromatischer, süß-säuerlicher Geschmack, Haut etwas zäh.

Pflanze
Wuchs ziemlich stark, breit halb aufrecht, eher locker, **viele Basistriebe**. Einjährige Seitentriebe halb aufrecht, **schwach bewehrt, zur Spitze hin fast ohne Bedornung**. **Dornen einfach**, selten einzelne Doppeldornen vorhanden. Austrieb und junges Blatt schwach rotbraun überlaufen, glänzend. **Blüten meist einzeln, klein, Kelchblätter und Fruchtknoten mit starker Anthocyanfärbung.**

Phänologie
Austrieb: früh-mittel, Blühbeginn: mittel, **Fruchtreife: früh.**

Anfälligkeiten
Anfällig für Amerikanischen Stachelbeermehltau.

Herkunft und Verbreitung
Unbekannt, vor 1846. Einst in Deutschland ziemlich verbreitet, heutige Verbreitung unbekannt.

Andere Sortennamen
Globe Yellow

Anmerkungen
Etwas ähnlich 'Rumbullion', aber Austrieb und Blüte später bei früherer Reife sowie größeren, grünlich gelben Früchten, diese auch vollreif nicht bernsteinfarben. Außerdem deutlich schwächer bewehrt, Dornen einfach.

Sämling von Maurer

Beere
Groß bis sehr groß, rundlich bis rundlich abgeplattet, meist schief. **Stiel auffallend lang**, Fruchtbasis kurz bis mittel. Schale fest und **etwas fleischig, zuerst verwaschen hellrotbraun, später dunkelweinrot**, sonnenwärts schwarzrot gefleckt, undeutlich geadert, Hauptadern am Stiel flach eingesenkt. **Oberfläche** schwach flaumhaarig, **Borstenhaare zahlreich und lang, vor allem in der oberen Fruchthälfte**. Aromatischer, süß-säuerlicher Geschmack, Fruchtkonsistenz bei Vollreife etwas schwammig.

Pflanze
Mittlere Wuchsstärke, **breiter, überhängender Wuchs**. Einjährige Seitentriebe halb aufrecht bis waagerecht abstehend, mäßig bewehrt. Dornen lang, größtenteils einfach, einzelne Doppel- und Dreifachdornen untergemischt. **Blattbasis gebuchtet. Blüten meist einzeln, groß.** Kelchblätter mit mäßiger, Fruchtknoten mit schwacher Anthocyanfärbung.

Phänologie
Austrieb: mittel. **Blühbeginn: früh.** Fruchtreife: früh-mittel.

Anfälligkeiten
Stark anfällig für Amerikanischen Stachelbeermehltau, mäßig anfällig für Blattfallkrankheit. Geringe Platzneigung.

Besondere Eigenschaften
Mittlerer Ertrag. Eine der großfruchtigsten roten Stachelbeerensorten.

Herkunft und Verbreitung
Deutschland, 1850, gezüchtet von Heinrich Maurer, Jena, Abstammung unbekannt. Selten im Liebhaberanbau.

Andere Sortennamen
Maurers Sämling, Maurer's Seedling, Queen of Queens

Anmerkungen
Gut charakterisierte, leicht kenntliche Sorte.

Späte Hellrote

Beere
Mittlere Größe, **rundlich bis elliptisch**. Stiellänge mittel, **Fruchtbasis kurz. Schale fest, zuerst charakteristisch hellrosa auf gelblich weißem Grund und hell geadert, später hellrot**, bei Vollreife dunkler rot ohne deutliche Adern. **Oberfläche flaumlos oder höchstens zum Kelch und zum Stiel hin schwach flaumhaarig, borstenlos.** Aromatischer, süß-säuerlicher Geschmack.

Pflanze
Mittlere Wuchsstärke, halb aufrechter, etwas überhängender Wuchs. Einjährige Seitentriebe halb aufrecht, bis zur Spitze bewehrt. Dornen kräftig, größtenteils einfach. **Hellgrüner Austrieb, nicht rotbraun überlaufen.** Blattbasis meist gerade, teilweise keilförmig. Blüten meist einzeln. Kelchblätter mit schwacher bis mäßiger, **Fruchtknoten mit fehlender bis schwacher Anthocyanfärbung**.

Phänologie
Austrieb: früh. Blühbeginn: mittel. **Fruchtreife: sehr spät.**

Anfälligkeiten
Anfällig für Amerikanischen Stachelbeermehltau, mäßig anfällig für Blattfallkrankheit.

Besondere Eigenschaften
Dekorative Beere, vor allem kurz vor der Vollreife. Eine der spätesten Sorten. Transportfest. Haut etwas zäh.

Herkunft und Verbreitung
Herkunft und Abstammung unbekannt, vor 1840. In Deutschland einst weit verbreitet und geschätzt, heute selten in Liebhabersammlungen.

Andere Sortennamen
Chain Red

Anmerkungen
Gehört zur Sortengruppe um 'Red Warrington' und 'Rifleman', doch Beeren nicht borstig.

"Stachelbeere von Aarberg"

Beere
Klein bis mittel, rundlich bis elliptisch oder verkehrt eiförmig. **Stiel kurz**, Fruchtbasis meist kurz bis mittel. **Schale dünn, gelblich weiß bis weißlich gelb**, bei Vollreife mit rötlichem Schein, **hell und deutlich geadert. Oberfläche mäßig flaumig, mäßig borstig.** Geschmack aromatisch, **auffallend süß mit milder Säure.**

Pflanze
Mittlere Wuchsstärke, Wuchs aufrecht, dicht. Einjährige Seitentriebe aufrecht, schwach gebogen, **mit auffallend kurzen Internodien, eher stark bedornt, zur Triebspitze hin fast dornenlos.** Dornen vorwiegend einfach, auch doppelt, Dreifachdornen fehlend. **Austrieb und junges Blatt auffallend dunkelgrün, stark rotbraun überlaufen. Sommerblätter dunkelgrün**, eher stark glänzend, Blattbasis gebuchtet. Blüten meist einzeln, eher klein, mit mäßiger Anthocyanfärbung, **mit bläulich roten Drüsen an den Borsten des Fruchtknotens.**

Phänologie
Austrieb: früh-mittel. Blühbeginn: früh-mittel. **Fruchtreife: früh.**

Anfälligkeiten
Mäßig anfällig für Amerikanischen Stachelbeermehltau.

Besondere Eigenschaften
Dekorative und gute Dessertfrucht.

Herkunft
Unbekannt. Gefunden in einem Privatgarten in Aarberg (BE), Schweiz. Abstammung *Ribes uva-crispa*.

Anmerkungen
Sortenbestimmung noch offen.

"Stachelbeere von Basel"

Beere

Mittlere Größe, rundlich bis elliptisch. Stiel und Fruchtbasis von mittlerer Länge. Schale **weißlich gelb**, teilweise sonnenwärts leicht rotbraun marmoriert. **Oberfläche flaumlos bis schwach flaumig, borstenlos oder selten mit einzelnen Drüsenborsten.** Ziemlich aromatischer, charakteristischer, eher süßer Geschmack, Schale im Abgang leicht bitter.

Pflanze

Mittlere Wuchsstärke, dichter, breit halb aufrechter Wuchs, zahlreiche Basistriebe. Einjährige Seitentriebe schlank, halb aufrecht bis aufrecht, mäßig bewehrt, **zur Triebspitze hin spärlich bis dornenlos. Dornen größtenteils einfach**, selten mit einzelnen Doppeldornen. **Austrieb und junges Blatt dunkelgrün, auffallend stark rotbraun überlaufen.** Sommerblätter eher klein, Blattbasis keilförmig oder gerade. Blüten eher klein, **Kelchblätter und Fruchtknoten mit starker Anthocyanfärbung**.

Phänologie

Austrieb: mittel. Blühbeginn: mittel. Fruchtreife: früh-mittel.

Anfälligkeiten

Anfällig für Amerikanischen Stachelbeermehltau. Mäßige Platzneigung.

Besondere Eigenschaften

Mittlerer Ertrag. Eher schwer pflückbar.

Herkunft

Unbekannt. Gefunden in einem Freizeitgarten in Basel (BS), Schweiz. Abstammung *Ribes uva-crispa*.

Anmerkungen

Sortenbestimmung noch offen.

"Stachelbeere von Buochs"

Beere

Klein bis mittel, elliptisch, auch rundlich bis eiförmig. Stiel mittel, Fruchtbasis kurz bis mittel. Schale fest, **rot bis violett-rot, teilweise charakteristisch schwarzfleckig**, verwaschen geadert, mit deutlichen Atmungsflecken. **Oberfläche schwach flaumig, mit zerstreuten bis mäßig zahlreichen, kurzen und kräftigen, harten Drüsenborsten**, angedeutet bereift. Aromatischer, süß-säuerlicher Geschmack.

Pflanze

Eher starker, breit halb aufrechter Wuchs, zahlreiche Basistriebe. Einjährige Seitentriebe schlank, bogig und halb aufrecht bis fast waagerecht abstehend, bis zur Triebspitze mittelstark bewehrt. Dornen ein- bis dreiteilig. Sommerblätter eher hellgrün, Glanz eher schwach, Basis gerade bis schwach gebuchtet. Blütengröße mittel, Kelchblätter mit mittlerer Anthocyanfärbung.

Phänologie

Austrieb: früh. Blühbeginn: mittel. Fruchtreife: früh-mittel.

Anfälligkeiten

Anfällig für Amerikanischen Stachelbeermehltau.

Herkunft

Unbekannt. Gefunden in einem Privatgarten in Buochs (NW), Schweiz.

Anmerkungen

Sortenbestimmung noch offen.

"Stachelbeere von Busswil"

Beere
Klein bis mittel, rundlich. Ziemlich lang gestielt, **Fruchtbasis kurz**. Schale **violettrot**, bei Vollreife **schwarzrot bis schwarzviolett**, mit schönen Atmungsfleckenreihen. **Oberfläche schwach flaumig und borstenlos,** nur selten mit einzelnen Drüsenborsten. Mäßig aromatischer, eigentümlicher, süß-säuerlicher Geschmack, Aroma leicht an Jod erinnernd. Schale ziemlich sauer, mit etwas zäher Haut.

Pflanze
Mittelstarker, dichter, ziemlich aufrechter, **niedriger und kompakter Wuchs**, zahlreiche Basistriebe. Einjährige Seitentriebe halb aufrecht bis aufrecht, dick, hell berindet, oft etwas gebogen, bis zur Spitze mittelstark bewehrt. **Dornen kurz, größtenteils einfach**, aber auch einzelne zwei- und dreiteilige Dornen vorhanden. Austrieb und junges Blatt hell- bis mittelgrün, schwach rotbraun überlaufen. **Sommerblätter auffallend klein und dunkelgrün, stark glänzend. Blüten klein, mit schwacher Anthocyanfärbung.**

Phänologie
Austrieb: früh-mittel. Blühbeginn: mittel. Fruchtreife: mittel.

Anfälligkeiten
Anfällig für Amerikanischen Stachelbeermehltau. Geringe Platzneigung.

Besondere Eigenschaften
Mittlerer Ertrag. Dekorative Beere.

Herkunft
Unbekannt. Zweimal gefunden in Privatgärten im Berner Mittelland (Busswil, Bowil), Schweiz. Abstammung *Ribes uva-crispa*.

Anmerkungen
Gut charakterisierte, leicht kenntliche Sorte. Sortenbestimmung bisher erfolglos.

"Stachelbeere von Chexbres"

Beere
Groß, breit elliptisch bis angedeutet birnenförmig oder verkehrt eiförmig, teilweise schief. Stiel eher kurz, Fruchtbasis meist deutlich verlängert. **Schale auffallend fest und dick, weißlich grün bis gelbgrün, sonnenwärts braunrot marmoriert**, deutlich geadert. **Oberfläche stark flaumhaarig, borstenlos.** Mäßig aromatisch, im Abgang etwas bitter.

Pflanze
Starker, halb aufrechter, dichter Wuchs. Einjährige Seitentriebe halb aufrecht, bis zur Spitze mittelstark bis stark bewehrt, Dornen ein- bis dreiteilig, Einfachdornen vorherrschend. Austrieb und junges Blatt deutlich rotbraun überlaufen. Sommerblätter dunkelgrün. Blüten ziemlich groß. **Kelchblätter mit starker, Fruchtknoten ohne Anthocyanfärbung.**

Phänologie
Austrieb: spät. Blühbeginn: spät. Fruchtreife: spät.

Anfälligkeiten
Anfällig für Amerikanischen Stachelbeermehltau. Mäßige Platzneigung.

Besondere Eigenschaften
Hoher, regelmäßiger Ertrag. Strauch dauerhaft.

Herkunft
Unbekannt. Gefunden in einem Privatgarten in Chexbres (VD), Schweiz. Abstammung *Ribes uva-crispa*.

Anmerkungen
Sortenbestimmung noch offen. Gehört in die Verwandtschaft der 'Grünen Riesenbeere', unterscheidet sich jedoch vor allem durch das deutlich schwächere Aroma und den bitteren Nachgeschmack.

"Stachelbeere von Eggiwil"

Beere
Mittel bis groß, **rundlich bis elliptisch, am Stiel durch eingesenkte Adern fast gerieft**. Länge von Stiel und Fruchtbasis mittel. Schale eher dünn, leuchtend rot, deutlich geadert, bei Vollreife **dunkelweinrot, mit auffallend starkem, seidigem Glanz. Oberfläche flaumlos oder mit zerstreuten Flaumhärchen, borstenlos**, mit schönen Atmungsfleckenreihen. **Fruchtfleisch teilweise grünlich, mit vielen kleinen Samen.** Intensiv aromatischer, süß-säuerlicher Geschmack.

Pflanze
Ziemlich starker, **eher lockerer, breit halb aufrechter, bogig überhängender Wuchs**. Einjährige Seitentriebe halb aufrecht bis waagerecht abstehend, schwach bis mäßig und unterbrochen bewehrt, zur Triebspitze hin fast dornenlos. **Dornen größtenteils einfach**, selten auch einzelne Doppeldornen vorhanden. **Austrieb und junges Blatt mittel- bis dunkelgrün, stark rotbraun überlaufen.** Blütengröße mittel, **Kelchblätter mit starker Anthocyanfärbung**.

Phänologie
Austrieb: mittel. Blühbeginn: mittel. Fruchtreife: mittel.

Anfälligkeiten
Anfällig für Amerikanischen Stachelbeermehltau. Mäßige Platzneigung.

Besondere Eigenschaften
Mittlerer bis hoher, regelmäßiger Ertrag. Sehr dekorative Beere.

Herkunft
Unbekannt. Gefunden in einem Privatgarten in Eggiwil (BE), Schweiz. Abstammung *Ribes uva-crispa*.

Anmerkungen
Sortenbestimmung noch offen. Etwas ähnlich 'Achilles', Beeren aber früher reif und mit dünnerer Schale, Blüten und Austrieb mit deutlicher Anthocyanfärbung.

"Stachelbeere von Goldau"

Beere
Mittlere Größe, **rundlich bis verkehrt eiförmig, oft stark schief**. Stiellänge mittel bis lang, **Fruchtbasis meist stark verlängert** und fleischig verdickt. **Schale dick, gelbgrün bis goldgelb**, sonnenwärts stark rot marmoriert. Oberfläche mäßig flaumhaarig. **Dicht mit Drüsenborsten besetzt**, zum Kelch hin eher spärlich. Intensiv aromatischer, süß-säuerlicher Geschmack.

Pflanze
Schwacher bis mäßiger, halb aufrechter Wuchs, schwache Basistriebbildung. Einjährige Seitentriebe halb aufrecht abstehend, meist bis zur Spitze mittelstark bewehrt. **Dornen ein- bis dreifach zu gleichen Teilen.** Austrieb und junges Blatt schwach rotbraun überlaufen. Blüten meist einzeln, mittel bis groß, Kelchblätter mit mäßiger Anthocyanfärbung.

Phänologie
Austrieb: mittel-spät. Blühbeginn: mittel-spät. Fruchtreife: früh-mittel.

Anfälligkeiten
Anfällig für Amerikanischen Stachelbeermehltau. Geringe Platzneigung.

Besondere Eigenschaften
Mäßiger Ertrag.

Herkunft
Unbekannt. Gefunden in einem Privatgarten in Goldau (SZ), Schweiz. Abstammung *Ribes uva-crispa*.

Anmerkungen
Sortenbestimmung noch offen. Etwas ähnlich 'Hönings Früheste', Beere aber deutlich dickschaliger und Gelbfärbung weniger intensiv sowie mit rotbrauner Marmorierung.

"Stachelbeere von Gretzenbach"

Beere
Mittel bis groß, **rundlich bis breit elliptisch**. Stiellänge und Fruchtbasis kurz bis mittel. Schale fest, **bräunlich rot bis weinrot**, Aderung schwach, vor allem in der oberen Fruchthälfte mit deutlichen Atmungsflecken. **Oberfläche stark flaumig, mit mäßig vielen bis zahlreichen Borstenhaaren.** Geschmack aromatisch, süß-säuerlich.

Pflanze
Ziemlich starker, dichter, halb aufrechter Wuchs **mit vielen Basistrieben**, diese an der Basis mit zahlreichen Stachelborsten. Einjährige Seitentriebe halb aufrecht, mittel gebogen, bis zur Spitze mittel bewehrt. Dornen kräftig, einfach und doppelt, seltener dreifach. Sommerblätter eher stark glänzend. Austrieb und junges Blatt schwach rotbraun überlaufen. Mittlere Blütengröße. **Fruchtknoten deutlich drüsig behaart, mit schwacher Anthocyanfärbung.**

Phänologie
Austrieb: mittel. Blühbeginn: mittel-spät. Fruchtreife: mittel.

Anfälligkeiten
Anfällig für Amerikanischen Stachelbeermehltau. Geringe Platzneigung.

Besondere Eigenschaften
Fruchtgröße überdurchschnittlich variierend.

Herkunft
Unbekannt. Gefunden in einem Privatgarten in Gretztenbach (SO), Schweiz. Abstammung *Ribes uva-crispa*.

Anmerkungen
Sortenbestimmung noch offen. Ähnlich 'Rote Triumphbeere', aber Reife etwas früher, Früchte stärker borstig und sehr ungleich groß, Dreifachdornen häufiger.

"Stachelbeere von Grund bei Gstaad"

Beere
Mittel bis groß, **elliptisch**, teilweise leicht schief. Stiellänge und Fruchtbasis mittel. Schale fest, **grün bis gelblich grün, sonnenwärts mit rötlichem Schein und stark rot marmoriert**, deutlich geadert. **Oberfläche schwach flaumig, borstenlos**, glänzend. Aromatischer, süß-säuerlicher Geschmack, etwas zähe Haut.

Pflanze
Starker und breiter, bogiger Wuchs, Basistriebe am Grund mit Stachelborsten. Einjährige Seitentriebe halb aufrecht bis fast waagerecht und bogig überhängend, **schwach bewehrt, Triebspitze unbewehrt. Dornen einfach.** Sommerblätter dunkelgrün, stark glänzend. Blütengröße mittel, Kelchblätter mit ziemlich starker Anthocyanfärbung.

Phänologie
Austrieb: mittel. Blühbeginn: mittel-spät. Fruchtreife: mittel-spät.

Anfälligkeiten
Anfällig für Amerikanischen Stachelbeermehltau.

Herkunft
Unbekannt. Gefunden in einem Privatgarten in Grund bei Gstaad (BE), Schweiz.

Anmerkungen
Entspricht den knappen historischen Beschreibungen der Sorte 'Shiner'. Weitere Abklärungen nötig.

"Stachelbeere von Laufenburg"

Beere
Mittlere Größe, **abgeplattet rundlich bis gestaucht birnenförmig, beim Kelch stark abgeplattet, oft schief**. Stiel und Fruchtbasis kurz. Schale fest, **olivgrün bis schmutzig gelbgrün**, Aderung deutlich. **Oberfläche stark flaumig, borstenlos.** Geschmack charakteristisch, mäßig aromatisch, süßlich-sauer, **auffallend viel Säure, etwas herb, adstringierend**.

Pflanze
Mittlere Wuchsstärke, Wuchs halb aufrecht, schwache Bildung von Basistrieben, diese mit Stachelborsten an der Basis. Einjährige Seitentriebe halb aufrecht, oft etwas gebogen und leicht hängend, bis zur Spitze schwach bis mäßig bewehrt. Dornen überwiegend einfach, einige doppelte und wenige dreifache untergemischt. Austrieb und junges Blatt nur schwach rotbraun überlaufen. Basis der Sommerblätter gerade bis seicht gebuchtet. Blüten meist einzeln, groß, Kelchblätter ziemlich stark gefärbt.

Phänologie
Austrieb: mittel. Blühbeginn: mittel. **Fruchtreife: spät.**

Anfälligkeiten
Anfällig für Amerikanischen Stachelbeermehltau. Empfindlich gegen Sonnenbrand.

Besondere Eigenschaften
Spezielles Aroma mit Noten von Kiwi und Sternfrucht. Ideal für die Verwertung in der Küche. Beere unansehnlich.

Herkunft
Unbekannt. Gefunden in einem Hausgarten in Laufenburg (AG), Schweiz. Mutterpflanze stammt ursprünglich aus Ungarn.

Anmerkungen
Sortenbestimmung noch offen.

"Stachelbeere von Lavin"

Beere
Klein, rund bis angedeutet elliptisch, oft zu zweit. Stiel und Fruchtbasis kurz bis höchstens mittel. **Schale dick und auffallend fest, deutlich geadert, grün bis gelbgrün. Oberfläche kahl**, ohne oder mit sehr wenigen unauffälligen Drüsenborsten. Mäßig aromatischer, **überwiegend saurer Geschmack**.

Pflanze
Ziemlich starker, eher breiter, lockerer Wuchs. Einjährige Seitentriebe waagerecht bis halb aufrecht, leicht gebogen, **bis zur Triebspitze stark bedornt**. Dornen überwiegend zwei- und dreifach, einzelne Einfachdornen untergemischt. Austrieb und junges Blatt nur schwach rotbraun überlaufen. Anthocyanfärbung der Kelchblätter und des Fruchtknotens schwach bis mäßig. Sommerblätter matt dunkelgrün.

Phänologie
Austrieb: früh. Blühbeginn: früh. Fruchtreife: spät.

Anfälligkeiten
Stark anfällig für Amerikanischen Stachelbeermehltau.

Besondere Eigenschaften
Dekorative Beere.

Herkunft
Unbekannt. Gefunden in diversen Privatgärten in Lavin (GR), Schweiz.

"Stachelbeere von Les Bayards"

Beere
Mittlere Größe, elliptisch bis verkehrt eiförmig, zum Kelch hin verschmälert, bisweilen zu zweit. Stiel kurz, Fruchtbasis kurz bis mittel und fleischig verdickt. **Schale dick und fest, rot, bei Vollreife dunkelweinrot**, schwach geadert, mit schönen Atmungsflecken. **Oberfläche stark flaumig behaart, borstenlos oder selten mit einzelnen Borsten.** Aromatischer, süß-säuerlicher Geschmack.

Pflanze
Eher starker, **dichter, ziemlich aufrechter, hoher Wuchs**. Einjährige Seitentriebe aufrecht, bis zur Triebspitze mittelstark bewehrt. Dornen ein- bis dreiteilig, Einfachdornen leicht überwiegend. **Austrieb und junges Blatt auffallend dunkelbraunrot bis purpurviolett überlaufen.** Blütengröße mittel, mit mäßiger Anthocyanfärbung, Drüsen am Fruchtknoten rot.

Phänologie
Austrieb: mittel-spät. **Blühbeginn: spät.** Fruchtreife: mittelspät.

Anfälligkeiten
Ziemlich stark anfällig für Amerikanischen Stachelbeermehltau. Geringe Platzneigung.

Besondere Eigenschaften
Mittlerer Ertrag.

Herkunft
Unbekannt. Gefunden in einem Privatgarten in Les Bayards (NE), Schweiz. Abstammung *Ribes uva-crispa*.

Anmerkungen
Sortenbestimmung noch offen.

"Stachelbeere von Märwil"

Beere

Klein, elliptisch, einzeln oder zu zweit. Stiel kurz, Fruchtbasis kurz bis mittel, fleischig verdickt. **Schale dünn, durchscheinend**, weich, **grün bis gelbgrün**, sonnenwärts verwaschen schmutzig braunrot marmoriert, **stark geadert. Oberfläche stark flaumig, borstenlos oder gelegentlich mit einzelnen Drüsenborsten.** Mäßig aromatischer, fruchtig süßer und leicht säuerlicher Geschmack, bei Vollreife etwas mehlig. Haut etwas zäh.

Pflanze

Mittelstarker, eher dichter, halb aufrechter Wuchs, zahlreiche Basistriebe. Einjährige Seitentriebe, halb aufrecht, bis zur Triebspitze **dicht bewehrt. Dornen kräftig, ein- bis dreiteilig, rückwärtsgerichtet.** Sommerblätter groß, glänzend, breit. Blüten meist zu zweit, **Kelchblätter und Fruchtknoten mit auffallend starker Anthocyanfärbung**. Fruchtknoten schwach borstig, **Drüsen rötlich**.

Phänologie

Austrieb: früh. Blühbeginn: mittel. Fruchtreife: früh-mittel.

Anfälligkeiten

Anfällig für Amerikanischen Stachelbeermehltau. **Empfindlich gegen Sonnenbrand.** Geringe Platzneigung.

Besondere Eigenschaften

Geringer Ertrag. Beeren schwer pflückbar, unansehnlich.

Herkunft

Unbekannt. Gefunden in einem Privatgarten in Märwil (BE), Schweiz. Abstammung *Ribes uva-crispa*.

Anmerkungen

Bestimmung bisher erfolglos. Etwas ähnlich "Stachelbeere von Schmitten", unterscheidet sich jedoch durch das größere Laub, die ein- bis dreiteilige Bedornung und die elliptischeren, stärker behaarten Beeren.

"Stachelbeere von Nieuwegein"

Beere
Mittlere Größe, **rundlich bis breit elliptisch**. Stiel und Fruchtbasis von mittlerer Länge. Schale dünn, schmutzig **weißlich grün bis weißlich gelbgrün**, sonnenwärts rotbraun marmoriert, deutlich geadert, trüb durchscheinend. **Oberfläche zerstreut flaumhaarig, borstenlos oder mit einzelnen bis wenigen Drüsenborsten.** Ziemlich aromatischer, süß-säuerlicher Geschmack.

Pflanze
Mittlere Wuchsstärke, **dichter, aufrechter Wuchs**. Einjährige Seitentriebe aufrecht abstehend, schlank, eher stark bewehrt, Triebspitze etwas spärlicher bedornt. **Dornen größtenteils einfach**, sehr vereinzelt auch mit Doppeldornen. Basis der Sommerblätter meist gerade oder keilförmig. Blüten meist einzeln, eher klein, mit deutlicher Anthocyanfärbung.

Phänologie
Austrieb: früh-mittel. Blühbeginn: früh-mittel. Fruchtreife: früh-mittel.

Anfälligkeiten
Anfällig für Amerikanischen Stachelbeermehltau. Empfindlich gegen Sonnenbrand.

Besondere Eigenschaften
Mittlerer Ertrag.

Herkunft und Verbreitung
Unbekannt. Erhalten unter dem Namen 'Catharina Ohlenburg' aus den Niederlanden aus einer privaten Sammlung in Nieuwegein.

Anmerkungen
Gebername 'Katharina Ohlenburg' falsch. Dokumentierte Akzession entgegen den Sortenbeschreibungen nicht mit intensiv grünen, höchstens mittelgroßen Früchten und Schale nur mäßig flaumig behaart, eher frühe Reife.

"Stachelbeere von Oberbalm"

Beere
Groß, elliptisch bis verkehrt eiförmig, auch angedeutet birnenförmig, teilweise leicht schief. Stiel und Fruchtbasis von mittlerer Länge. Schale **goldgelb bis bernsteinfarben** mit schwach olivgrünlichem Schein, bei Vollreife fast cognacfarben, stark und reich verzweigt geadert, Hauptadern mit grünen Atmungsflecken. **Oberfläche zerstreut bis mäßig flaumig, borstenlos.** Intensiv aromatischer, süßer Geschmack mit milder Säure, etwas zähe Haut.

Pflanze
Mittlerer bis starker, breit halb aufrechter Wuchs. Einjährige Seitentriebe halb aufrecht, etwas bogig, **schwach bis mäßig bewehrt, Triebspitze fast unbewehrt**. Dornen größtenteils einfach, einzelne Zwei- und Dreifachdornen untergemischt. Austrieb und junges Blatt leicht rotbraun überlaufen. **Blattbasis gerade. Blüten meist einzeln**, von mittlerer Größe. **Kelchblätter mit ziemlich starker, Fruchtknoten mit schwacher Anthocyanfärbung.**

Phänologie
Austrieb: mittel. Blühbeginn: mittel. Fruchtreife: früh-mittel.

Anfälligkeiten
Anfällig für Amerikanischen Stachelbeermehltau.

Besondere Eigenschaften
Auffallend schöne und große Frucht. Eine der wenigen gelben, großfruchtigen Stachelbeerensorten.

Herkunft
Unbekannt. Gefunden in einem Privatgarten in Oberbalm (BE), Schweiz.

Anmerkungen
Sortenbestimmung noch offen.

"Stachelbeere von Ostermundigen"

Beere

Mittlere Größe, **rundlich bis teilweise breit elliptisch**, am Kelch oft leicht abgeplattet. Stiel und Fruchtbasis kurz bis mittel. Schale fest und eher dick, **gelbgrün bis weißlich gelb, sonnenwärts stark rotbraun marmoriert**, Aderung mäßig bis stark. **Oberfläche mäßig flaumig und borstig.** Intensiv aromatischer, charakteristischer Geschmack, **süß** mit milder Säure.

Pflanze

Mittlere Wuchsstärke, breit halb aufrechter Wuchs. Einjährige Seitentriebe fast waagerecht abstehend, mäßig gebogen, **schwach bewehrt und an der Triebspitze dornenlos. Dornen einfach.** Blattbasis gerade bis schwach gebuchtet. Austrieb und junges Blatt mäßig bis stark braunviolett überlaufen. **Blüten eher klein, Kelchblätter mit starker Anthocyanfärbung, Drüsen der Borsten am Fruchtknoten rötlich.**

Phänologie

Austrieb: früh-mittel. Blühbeginn: mittel-spät. Fruchtreife: mittel.

Anfälligkeiten

Anfällig für Amerikanischen Stachelbeermehltau.

Besondere Eigenschaften

Interessanter Geschmackstyp.

Herkunft

Unbekannt. Gefunden in einem Privatgarten in Ostermundigen (BE), Schweiz.

Anmerkungen

Sortenbestimmung noch offen.

"Stachelbeere von Quarten-Oberterzen"

Beere
Mittlere Größe, rundlich, elliptisch bis verkehrt eiförmig, oft etwas unregelmäßig und schief. Stiellänge kurz bis mittel, Fruchtbasis mittel bis lang. Schale eher fest, **unregelmäßig hellrot auf grünlichem bis grünlich gelbem Grund**, mit mäßiger Aderung und auffälligen Atmungsflecken. Oberfläche schwach flaumig, **schwach bis mäßig borstig**. Geschmack ziemlich aromatisch, süß-säuerlich.

Pflanze
Mittlere Wuchsstärke, halb aufrechter Wuchs. Einjährige Seitentriebe mäßig gebogen, halb aufrecht abstehend, mäßig bewehrt, zur Spitze hin nur noch spärlich. Dornen größtenteils einfach, aber auch wenige zwei- und dreifache Dornen vorhanden. Blütengröße mittel, **Kelchblätter mit schwacher Anthocyanfärbung, Fruchtknoten ohne Anthocyanfärbung, Drüsen der Borsten blass rötlich**.

Phänologie
Austrieb: spät. Blühbeginn: spät. Fruchtreife: spät.

Anfälligkeiten
Anfällig für Amerikanischen Stachelbeermehltau.

Herkunft
Unbekannt. Gefunden im Rahmen des Nationalen Obstinventars in einem Privatgarten in Quarten-Oberterzen (SG), Schweiz.

Anmerkungen
Sortenbestimmung noch offen. Ähnlich 'Rifleman', doch späterer Austrieb und Blühbeginn.

"Stachelbeere von Rafz 1"

Beere
Klein, rundlich, zum Stiel hin oft etwas zulaufend. Stiel kurz, Fruchtbasis mittel, **oft mit zungenförmigen Vorblättchen. Schale dick und fest, weißlich grün bis grünlich weiß**, sonnenwärts nicht oder höchstens unauffällig marmoriert, deutlich hell geadert, Adern wenig verzweigt. **Oberfläche** schwach bis mäßig flaumig, **dicht drüsenborstig**. Mäßig aromatischer, eher süßer Geschmack mit zurückhaltender Säure.

Pflanze
Eher schwacher, gedrungener, breiter, dichter Wuchs, Basistriebe zahlreich, bogig aufsteigend. Einjährige Seitentriebe waagerecht abstehend, dick, bis zur Spitze dicht mit kräftigen dreiteiligen Dornen besetzt, teilweise auch wenige Einfach- und Doppeldornen vorhanden. **Sommerblätter klein**, Blattbasis gerade. Blütengröße mittel, mit ziemlich starker Anthocyanfärbung, **Drüsenköpfe am Fruchtknoten rötlich**.

Phänologie
Austrieb: mittel. Blühbeginn: mittel. Fruchtreife: mittel.

Anfälligkeiten
Stark anfällig für Amerikanischen Stachelbeermehltau. Geringe Platzneigung.

Besondere Eigenschaften
Geringer Ertrag. Schlechte Pflückbarkeit.

Herkunft
Unbekannt. Gefunden unter dem Namen 'Mytta' in der Stachelbeerensammlung von Peter Hauenstein in Rafz (ZH), Schweiz.

Anmerkungen
Gebername entspricht nicht der Sortenbeschreibung von 'Mytta' in Maurer (1913). Gehört möglicherweise in die Verwandtschaft von 'Weiße Borstenbeere'.

"Stachelbeere von Rafz 2"

Beere
Mittel bis groß, rundlich bis breit elliptisch oder verkehrt eiförmig. **Stiel und Fruchtbasis mittel bis lang.** Schale eher dünn, aber fest, **grün, weißlich grün bis weißlich gelbgrün**, sonnenwärts teilweise rot marmoriert. **Oberfläche höchstens schwach flaumig, borstenlos bis zerstreut borstig, verwaschen geadert.** Mäßig aromatisch, süß mit milder Säure, etwas schwammige Konsistenz, zähe Haut.

Pflanze
Eher starker, breit halb aufrechter, **dichter Wuchs**, starke Basistriebbildung. **Einjährige Seitentriebe fast waagerecht abstehend, kaum gebogen, stark bewehrt. Dornen größtenteils einfach**, einzelne Zwei- und Dreifachdornen untergemischt. **Austrieb und junges Blatt dunkelgrün, deutlich rotviolett überlaufen. Sommerblätter stark glänzend, auffallend dunkelgrün**, Blattbasis meist gerade, teilweise seicht gebuchtet. Blütengröße mittel, **Kelchblätter mit starker Anthocyanfärbung**.

Phänologie
Austrieb: früh. Blühbeginn: mittel. **Fruchtreife: spät.**

Anfälligkeiten
Stark anfällig für Amerikanischen Stachelbeermehltau.

Besondere Eigenschaften
Besonders geeignet für die Verwertung in der Küche.

Herkunft
Unbekannt. Gefunden unter dem Namen 'Marmorierte Goldkugel' in der Stachelbeerensammlung von Peter Hauenstein in Rafz (ZH), Schweiz. Abstammung *Ribes uva-crispa*.

Anmerkungen
Entspricht nicht den Sortenbeschreibungen von 'Marmorierte Goldkugel' in der Literatur (z. B. Maurer 1913).

"Stachelbeere von Rafz 3"

Beere

Mittel bis groß, **rundlich bis elliptisch, lang gestielt**, Fruchtbasis mittel. Schale eher dünn, aber fest, **leuchtend rot** und deutlich geadert, erst gegen Ende der Reife dunkelrot. **Oberfläche schwach bis mäßig flaumig, glatt oder mit einzelnen Borsten.** Sehr guter, angenehm mild säuerlicher Geschmack.

Pflanze

Mittlerer, **breit halb aufrechter, überhängender Wuchs**. Einjährige Seitentriebe eher schlank, hell berindet, halb aufrecht bis waagerecht und **deutlich bogig abstehend, auffallend schwach bedornt, Dornen einfach, Triebspitze unbewehrt**. Austrieb und junges Blatt schwach bis mäßig rotbraun überlaufen.

Phänologie

Austrieb: mittel. Blühbeginn: mittel. **Fruchtreife: früh.**

Anfälligkeiten

Wenig anfällig für Amerikanischen Stachelbeermehltau.

Besondere Eigenschaften

Auffallend schöne und attraktive Beere (etwas ähnlich 'Maiherzog'). Geeignet für den biologischen Anbau. Eine der frühesten großfruchtigen roten Stachelbeeren.

Herkunft

Schweiz, 1990er-Jahre, aus dem Züchtungsprogramm von Peter Hauenstein, Rafz (ZH), Schweiz, direkt vom Züchter erhalten.

Andere Sortennamen

CSFR (Arbeitsname Peter Hauenstein), Peters Rote

Anmerkungen

Vermutlich ein Ausgangssämling bei der Entwicklung der Sorte 'Xenia' (Sorten- und Markenschutz Promo-Fruit AG).

"Stachelbeere von Reisiswil"

Beere
Mittlere Größe, **elliptisch bis verkehrt eiförmig oder leicht birnenförmig**, gelegentlich schief. Stiel eher lang, Fruchtbasis mäßig verlängert, **fleischig verdickt**. Schale fest und etwas dick, **gelbgrün bis goldgelb**, teilweise sonnenwärts leicht rotbraun marmoriert, **stark geadert**, mit kleinen, grünen Atmungsflecken. **Oberfläche stark flaumig, borstenlos oder selten mit einzelnen Borsten.** Aromatischer, charakteristischer, etwas himbeerartiger, süß-säuerlicher Geschmack.

Pflanze
Starker, dichter, breiter Wuchs, zahlreiche flach bogig abstehende Basistriebe. Einjährige Seitentriebe kräftig, gekrümmt, halb aufrecht bis fast waagerecht, bis zur Spitze mittelstark bedornt. Dornen ein- bis dreiteilig, Dreifachdornen meist vorherrschend. Austrieb und junges Blatt mäßig rotbraun überlaufen. Blütengröße mittel, Kelchblätter mit mäßiger Anthocyanfärbung.

Phänologie
Austrieb: früh. Blühbeginn: mittel. Fruchtreife: mittel-spät.

Anfälligkeiten
Anfällig für Amerikanischen Stachelbeermehltau, wenig anfällig für Blattkrankheit. Mäßige Platzneigung.

Besondere Eigenschaften
Mittlerer bis hoher Ertrag. Dekorative Beere.

Herkunft
Unbekannt. Gefunden in einem Privatgarten in Reisiswil (BE), Schweiz. Abstammung *Ribes uva-crispa*.

Anmerkungen
Sortenbestimmung noch offen.

"Stachelbeere von Riehen"

Beere
Mittlere Größe, rundlich bis elliptisch. Stiellänge mittel, Fruchtbasis eher kurz. Schale ziemlich dick, **grün bis weißlich grün, bei Vollreife mit gelbem Schein**, ziemlich deutlich geadert. **Oberfläche stark flaumig, meist mit vereinzelten Drüsenborsten, seltener völlig borstenlos.** Ziemlich aromatischer, süß-säuerlicher Geschmack.

Pflanze
Starker, breit halb aufrechter, dichter Wuchs. Zahlreiche Basistriebe, diese am Grund teilweise mit Stachelborsten. Einjährige Seitentriebe halb aufrecht abstehend, dick, **bis zur Triebspitze stark bewehrt**. Dornen ein- bis dreiteilig. **Blattbasis der Sommerblätter gerade.** Blütengröße mittel, Kelchblätter mit mittlerer Anthocyanfärbung.

Phänologie
Austrieb: früh. Blühbeginn: früh-mittel. Fruchtreife: früh-mittel.

Anfälligkeiten
Anfällig für Amerikanischen Stachelbeermehltau.

Besondere Eigenschaften
Regelmäßig und reich tragend. Strauch dauerhaft.

Herkunft
Unbekannt. Gefunden in einem verlassenen alten Gartengelände in Riehen (BS), Schweiz.

Anmerkungen
Verhältnismäßig früh reifende Sorte aus der Verwandtschaft der 'Weißen Triumphbeere'. Sortenbestimmung noch offen.

"Stachelbeere von Rudolfingen"

Beere
Groß bis sehr groß, rund bis rundlich abgeplattet. Stiellänge mittel, **Fruchtbasis deutlich verlängert. Schale dick und fleischig**, zuerst verwaschen rot auf milchig gelblich weißem Grund, **bei Vollreife fleckig weinrot**, undeutlich geadert. **Oberfläche vereinzelt flaumhaarig, borstenlos oder selten mit einzelnen Drüsenborsten, deutlich bereift.** Mäßig aromatischer, süßer Geschmack, bei Vollreife etwas schwammige Fruchtkonsistenz.

Pflanze
Eher starker, **breiter Wuchs. Einjährige Seitentriebe waagerecht abstehend und bogig überhängend, schlank**, schwach bis mäßig bewehrt, Triebspitzen teilweise auch unbewehrt, Rinde hell. **Dornen mehrheitlich einfach**, sehr vereinzelt zwei- und dreiteilige Dornen untergemischt. **Blüten auffallend groß.** Kelchblätter mit mittlerer, **Fruchtknoten mit schwacher Anthocyanfärbung**. Laub mit gelboranger Herbstfärbung.

Phänologie
Austrieb: mittel. Blühbeginn: früh-mittel. **Fruchtreife: sehr früh.**

Anfälligkeiten
Resistent gegen Amerikanischen Stachelbeermehltau. Stark empfindlich gegen Sonnenbrand. Geringe Platzneigung.

Besondere Eigenschaften
Hoher Ertrag. Geeignet für Veredelung auf Stämmchen oder Spalier. Geeignet für den biologischen Anbau.

Herkunft
Unbekannt. Gefunden in einer Stachelbeerenanlage in Rudolfingen (ZH), Schweiz. Abstammung mutmaßlich *Ribes uva-crispa* und eine nordamerikanische *Ribes*-Art.

Anmerkungen
Gut charakterisierte, leicht kenntliche Sorte. Sortenbestimmung noch offen.

"Stachelbeere von Schmitten"

Beere
Klein bis mittel, rundlich bis breit elliptisch. Stiel außergewöhnlich kurz, Fruchtbasis kurz, Beere fast sitzend. Schale schmutzig **weißlich grün bis gelbgrün**, sonnenwärts stark rotbraun marmoriert. **Oberfläche** schwach flaumig, **borstenlos oder mit wenigen Drüsenborsten besetzt**, mäßig deutlich geadert. Mäßig aromatischer, süß-säuerlicher Geschmack.

Pflanze
Mittlere Wuchsstärke, eher dichter, halb aufrechter Wuchs. Einjährige Seitentriebe halb aufrecht bis aufrecht, bis zur Spitze mittelstark bedornt. **Dornen größtenteils einfach**, gelegentlich einzelne Doppel- und Dreifachdornen untergemischt. **Austrieb und junges Blatt dunkelgrün, deutlich rotbraun überlaufen.** Sommerblätter eher klein, Glanz eher stark, **Blattbasis gerade**. Blüten ziemlich klein, **Kelchblätter mit starker Anthocyanfärbung. Drüsen der Borstenhaare am Fruchtknoten rötlich.**

Phänologie
Austrieb: früh-mittel. **Blühbeginn: früh.** Fruchtreife: früh-mittel.

Anfälligkeiten
Anfällig für Amerikanischen Stachelbeermehltau. Mäßige Platzneigung. Stark anfällig für Sonnenbrand.

Besondere Eigenschaften
Mittlerer Ertrag, schlechte Pflückbarkeit, unansehnliche Beere.

Herkunft
Unbekannt. Gefunden in einem Privatgarten in Schmitten (FR), Schweiz. Abstammung *Ribes uva-crispa*.

Anmerkungen
Sortenbestimmung noch offen. Ähnlich der "Stachelbeere von Märwil", doch Beeren runder und etwas größer sowie weniger behaart, Stacheln mehrheitlich einfach und Laub kleiner.

"Stachelbeere von Taastrup"

Beere

Groß, rundlich bis rundlich abgeplattet. Stiel lang, Fruchtbasis mittel. Schale eher dünn, **erst weißlich grün, später schmutzig gelbgrün bis hellgelb mit olivgrünem Schein**, sonnenwärts teilweise leicht rot marmoriert, mäßig geadert. **Oberfläche schwach flaumhaarig, ziemlich dicht mit unterschiedlich langen Borstenhaaren besetzt.** Aromatischer, süß-säuerlicher Geschmack.

Pflanze

Mittlere Wuchsstärke, halb aufrechter Wuchs, Basistriebe am Grund mit Stachelborsten. Einjährige Seitentriebe halb aufrecht bis aufrecht, **bis zur Triebspitze stark bewehrt**. **Dornen mehrheitlich dreiteilig**, einzelne Einfach- und Zweifachdornen untergemischt. Austrieb und junges Blatt mäßig rotbraun überlaufen. Basis der Blätter gerade bis seicht gebuchtet. Blüten groß, mit mittelstarker Anthocyanfärbung, Drüsen am Fruchtknoten rötlich.

Phänologie

Austrieb: mittel. Blühbeginn: mittel-spät. Fruchtreife: frühmittel.

Anfälligkeiten

Anfällig für Amerikanischen Stachelbeermehltau. Ziemlich starke Platzneigung.

Besondere Eigenschaften

Leicht pflückbar. Dekorative Frucht.

Herkunft

Unbekannt. Erhalten unter dem Namen 'Balloon' aus einer öffentlichen Sammlung in Dänemark.

Anmerkungen

Sortenbestimmung noch offen, entspricht möglicherweise der alten englischen Sorte 'Broom Girl'. Gebername 'Balloon' falsch.

"Stachelbeere von Unterwasser"

Beere
Mittlere Größe, **elliptisch bis eiförmig oder verkehrt eiförmig, oft etwas schief**. Stiel eher kurz, Fruchtbasis mittel. **Schale erst rot auf gelblich weißem Grund, bei Vollreife dunkelrot.** Aderung zuerst stark, später fast verschwindend, mit deutlichen Atmungsflecken. **Oberfläche schwach bis mäßig flaumig, borstenlos.** Aromatischer, charakteristischer, süßer Geschmack mit feiner Säure.

Pflanze
Eher starker, eher dichter, breit halb aufrechter Wuchs. **Einjährige Seitentriebe bis zur Spitze stark bewehrt.** Dornen ein- bis dreiteilig. **Junge Blätter hellgrün**, schwach bis mäßig rotbraun überlaufen. **Sommerblätter auffallend dunkelgrün**, Basis gebuchtet. Blütengröße mittel, Kelchblätter mit eher schwacher Anthocyanfärbung.

Phänologie
Austrieb: früh. Blühbeginn: mittel. Fruchtreife: mittel-spät.

Anfälligkeiten
Anfällig für Amerikanischen Stachelbeermehltau.

Besondere Eigenschaften
Mittlerer Ertrag. Dekorative Beere.

Herkunft
Unbekannt. Gefunden in einem Privatgarten in Unterwasser (Toggenburg, SG), Schweiz.

Anmerkungen
Sortenbestimmung noch offen. Etwas ähnlich 'Späte Hellrote', aber stärker bewehrt und auch Zwei- und Dreifachdornen vorhanden, Beeren etwas kleiner.

"Stachelbeere von Wattenwil"

Beere
Klein bis mittel, **elliptisch, zum Kelch und Stiel hin leicht zulaufend**, selten auch rundlich oder eiförmig. Stiellänge mittel, Fruchtbasis mittel bis lang. **Schale dünn und durchscheinend**, weißlich grün, **bei Vollreife gelblich weiß**, sonnenwärts oft rot marmoriert, **auffallend deutlich geadert. Oberfläche mäßig flaumig, mit zahlreichen, regelmäßig verteilten Drüsenborsten.** Intensiv aromatischer, überwiegend süßer Geschmack.

Pflanze
Mittlere Wuchsstärke, breit halb aufrechter Wuchs. Einjährige Seitentriebe halb aufrecht, bis zur Triebspitze **stark bewehrt. Dornen schlank, ein- bis dreiteilig.** Austrieb und junges Blatt mäßig rotbraun überlaufen. Blüten meist einzeln, klein bis mittel, **Kelchblätter mit starker Anthocyanfärbung, Borstendrüsenköpfe am Fruchtknoten rötlich.**

Phänologie
Austrieb: früh-mittel. Blühbeginn: mittel. Fruchtreife: mittel.

Anfälligkeiten
Anfällig für Amerikanischen Stachelbeermehltau. Geringe Platzneigung.

Besondere Eigenschaften
Mittlerer Ertrag. Aderung der Beere sehr dekorativ.

Herkunft
Unbekannt. Gefunden in einem Privatgarten in Wattenwil (BE), Schweiz. Abstammung *Ribes uva-crispa*.

Anmerkungen
Sortenbestimmung noch offen.

"Stachelbeere von Wattwil"

Beere

Klein, rundlich bis rundlich abgeplattet. Stiellänge und Fruchtbasis mittel. Schale eher dünn, aber fest, bei Vollreife durchscheinend, **grün, deutlich geadert**, die hellgrünen **Adern wenig verzweigt**. **Oberfläche** schwach bis mäßig flaumig behaart, **mit zahlreichen langen Drüsenborsten, diese über die ganze Frucht verteilt**. Ziemlich aromatischer, überwiegend süßer Geschmack, etwas zähe Fruchthaut.

Pflanze

Mittlere Wuchsstärke, dichter, halb aufrechter Wuchs. Einjährige Seitentriebe halb aufrecht, bis zur Spitze **stark bewehrt**. **Dornen kräftig, ein- bis dreiteilig**. Austrieb und junges Blatt mittelgrün, mäßig rotbraun überlaufen. Blüten eher klein, Kelchblätter mit mittlerer bis starker Anthocyanfärbung.

Phänologie

Austrieb: mittel. Blühbeginn: mittel. Fruchtreife: früh-mittel.

Anfälligkeiten

Mäßig anfällig für Amerikanischen Stachelbeermehltau. Geringe Platzneigung.

Besondere Eigenschaften

Mäßiger Ertrag.

Herkunft

Unbekannt. Gefunden in einem Privatgarten in Wattwil (SG), Schweiz. Abstammung *Ribes uva-crispa*.

Anmerkungen

Sortenbestimmung noch offen. Ähnlich 'Early Green Hairy', doch breiterer Wuchs und stärker bewehrt, neben einfachen Dornen auch Doppel- und Dreifachdornen vorhanden.

"Stachelbeere von Worben"

Beere
Mittlere Größe, rundlich bis elliptisch, zur Basis hin oft etwas zulaufend. **Stiel kurz**, Fruchtbasis mittel. Schale eher weich, **grünlich weiß bis gelbgrün, bei Vollreife gelblich weiß mit rötlichem Schein**, Aderung deutlich. **Oberfläche flaumig, borstenlos.** Geschmack sehr gut, intensiv aromatisch, süß mit feiner Säure.

Pflanze
Mittlere Wuchsstärke, **dichter, aufrechter Wuchs**. Einjährige Seitentriebe aufrecht, schwach gebogen, mäßig bewehrt, Bedornung zur Spitze hin abnehmend. **Dornen überwiegend einfach**, einzelne Doppeldornen, Dreifachdornen fehlend. **Austrieb und junges Blatt mit sehr starker Anthocyanfärbung. Sommerblätter deutlich rotbraun überlaufen (sortentypisch)**, Blattbasis gebuchtet. Blüten mittel bis groß. **Kelchblätter mit starker, Fruchtknoten mit fehlender bis schwacher Anthocyanfärbung.**

Phänologie
Austrieb: früh-mittel. Blühbeginn: früh-mittel. Fruchtreife: früh-mittel.

Anfälligkeiten
Stark anfällig für Amerikanischen Stachelbeermehltau.

Besondere Eigenschaften
Sehr schmackhafte und attraktive Früchte. Pflückbarkeit eher schlecht.

Herkunft
Unbekannt. Gefunden in einem Privatgarten in Worben (BE), Schweiz.

Anmerkungen
Sortenbestimmung noch offen.

"Stachelbeere von Wurzen 1"

Beere
Mittlere Größe, **rundlich**. Stiellänge mittel, Fruchtbasis kurz. **Schale dick und fest**, erst unregelmäßig hellrot auf grünlich gelbem Grund, **vollreif weinrot, schwach geadert**, mit deutlichen Atmungsflecken. **Oberfläche schwach bis mäßig flaumig, borstenlos oder mit einzelnen kurzen Drüsenborsten.** Ziemlich aromatischer, würziger, süß-säuerlicher Geschmack.

Pflanze
Eher starker, ziemlich **aufrechter Wuchs**. Einjährige Seitentriebe halb aufrecht abstehend, bis zur Spitze mäßig bewehrt. **Dornen größtenteils einfach**, selten einzelne Doppel- oder Dreifachdornen untergemischt. **Austrieb und junges Blatt hellgrün, nicht rotbraun überlaufen. Sommerlaub dunkelgrün, Blattbasis gebuchtet.** Blüten meist einzeln, **Blütengröße mittel**. Kelchblätter mit mittlerer, Fruchtknoten mit schwacher Anthocyanfärbung. Laub mit gelboranger Herbstfärbung.

Phänologie
Austrieb: früh. Blühbeginn: früh-mittel. Fruchtreife: früh-mittel.

Anfälligkeiten
Anfällig für Amerikanischen Stachelbeermehltau. Geringe Platzneigung.

Besondere Eigenschaften
Mittlerer Ertrag.

Herkunft
Unbekannt. Erhalten unter dem Namen 'Rote Preisbeere' aus Deutschland. Abstammung *Ribes uva-crispa*.

Anmerkungen
Gebername 'Rote Preisbeere' fraglich. Entgegen den Beschreibungen in der Literatur wächst die hier dokumentierte Akzession fast aufrecht und reift eher früh. Etwas ähnlich 'Rote Frankfurter' (auch Geschmack), aber Beeren meist borstenlos und weniger flaumig, Dornen größtenteils einfach.

"Stachelbeere von Wurzen 2"

Beere
Klein, rundlich bis rundlich abgeplattet, auch kurz elliptisch. Stiel kurz bis mittel, **Fruchtbasis auffallend kurz**. Schale dünn durchscheinend, **grünlich gelb bis goldgelb, bei Vollreife bernsteinfarben, mit starker, wenig verzweigter Aderung. Oberfläche flaumig, mäßig bis stark borstig.** Geschmack in guten Jahren aromatisch, süß-säuerlich.

Pflanze
Mittlere Wuchsstärke, aufrechter bis halb aufrechter, **dichter Wuchs**. Einjährige Seitentriebe aufrecht und kaum gebogen, bis zur Triebspitze **stark bedornt**. Dornen ein- bis dreifach. **Sommerblätter hellgrün**, Glanz eher schwach, **Blattbasis gerade**. Blüten klein, Kelchblätter mit mittlerer Anthocyanfärbung, **Borstenhaare am Fruchtknoten mit grünlich gelben Drüsen**.

Phänologie
Austrieb: früh. Blühbeginn: früh-mittel. Fruchtreife: mittel.

Anfälligkeiten
Anfällig für Amerikanischen Stachelbeermehltau. Mäßige Platzneigung.

Besondere Eigenschaften
Früchte lange am Strauch haltbar. Dekorative Beere.

Herkunft
Unbekannt. Unter dem Namen 'Britannia' aus Deutschland erhalten.

Anmerkungen
Sortenbestimmung noch offen. Gehört vermutlich in die Verwandtschaft von 'Rumbullion' und 'Runde Gelbe'. Entspricht nicht den Sortenbeschreibungen von 'Britannia' bei Maurer (1913). Dort werden drei unterschiedliche Sorten mit dem Namen 'Britannia' beschrieben, zwei rotfruchtige und eine gelbfruchtige.

"Stachelbeere von Zomergem"

Beere
Klein bis mittel, rundlich bis teilweise breit elliptisch, **oft zu zweit. Stiel lang, Fruchtbasis kurz.** Schale fest, **rosaviolett, bei Vollreife violettrot**, mit schwacher Aderung und deutlichen, aber unterbrochenen Atmungsfleckenreihen. **Oberfläche flaumlos oder mit einzelnen, zerstreuten Flaumhärchen, mäßig dicht mit breit aufgesetzten und steifen Borsten besetzt, stark bereift.** Geschmack aromatisch, süß mit milder Säure, etwas mehlig.

Pflanze
Ziemlich starker, **breiter Wuchs. Einjährige Seitentriebe schlank, halb aufrecht abzweigend, aber stark bogig überhängend**, durchschnittlich bewehrt, zur Spitze hin spärlicher. Dornen überwiegend einfach, aber auch doppelt und dreifach. Sommerblätter hellgrün, **Blattbasis gerade. Blüten meist zu zweit, klein. Kelchblätter mit auffallend schwacher Anthocyanfärbung**, auch die Anthocyanfärbung des Fruchtknotens fehlend bis schwach.

Phänologie
Austrieb: spät. Blühbeginn: mittel. Fruchtreife: mittel.

Anfälligkeiten
Mehltauresistent. Wenig empfindlich gegen Sonnenbrand.

Herkunft
Unbekannt. Erhalten unter dem Namen 'Macherauchs Sämling' aus einer Baumschule in Belgien. Wahrscheinlich eine Kreuzung aus *Ribes uva-crispa* und amerikanischen Stachelbeeren (wohl *Ribes cynosbati*).

Anmerkungen
Gebername sicher falsch. Sortenbestimmung noch offen.

Weiße Neckartal

Beere
Mittlere Größe, **rundlich, an Kelch und Stiel meist deutlich abgeplattet**. Stiel und Fruchtbasis kurz bis mittel. **Schale auffallend dünn und durchscheinend, weißlich grün über gelbgrün bis gelblich weiß, sonnenwärts stark rot marmoriert**, deutlich geadert. **Oberfläche** mäßig flaumig behaart, **mit zahlreichen kurzen Borstenhaaren**. Sehr aromatischer, süßer Geschmack mit milder Säure, Schale kaum nachschmeckend.

Pflanze
Eher starker, **dichter, fast aufrechter Wuchs, zahlreiche Basistriebe**. Einjährige Seitentriebe aufrecht abstehend, kräftig, **bis zur Spitze dicht bedornt**. Dornen scharf, lang, vorwiegend einfach. **Austrieb und junges Blatt hellgrün, deutlich rotbraun überlaufen. Blattbasis gerade.** Blüten mittel bis groß, Kelchblätter mit mittlerer, **Fruchtknoten mit schwacher Anthocyanfärbung**.

Phänologie
Austrieb: früh. Blühbeginn: mittel. **Fruchtreife: früh.**

Anfälligkeiten
Stark anfällig für Amerikanischen Stachelbeermehltau, mäßig anfällig für Blattfallkrankheit. Mäßige Platzneigung.

Besondere Eigenschaften
Regelmäßiger, relativ hoher Ertrag. Wenig transportfest. Eine der wohlschmeckendsten Stachelbeerensorten, bereits vor der Reife schmackhaft. Dekorative Beere.

Herkunft und Verbreitung
Deutschland, 1942, gezüchtet von Adolf Mauk, Lauffen am Neckar, Sämling von 'Hönings Früheste'. Vereinzelt im Erwerbsanbau, selten im Hausgarten.

Anmerkungen
Unterscheidet sich von der Elternsorte unter anderem durch die deutlich helleren und stärker abgeplatteten Beeren.

Weiße Triumphbeere (?)

Beere
Mittlere Größe, **rundlich**, teilweise auch rundlich abgeplattet oder breit elliptisch. Stiel eher kurz, **Fruchtbasis kurz und etwas fleischig**. **Schale fest**, aber Samen schwach durchscheinend, **grünlich weiß bis hell gelblich grün, sonnenwärts oft rötlich gesprenkelt**, Adern deutlich, verzweigt. **Oberfläche stark flaumig behaart, borstenlos. Auffallend würziger, aromatischer Geschmack mit angenehm milder Säure.**

Pflanze
Mittlere Wuchsstärke, eher dichter, **aufrechter Wuchs**. **Einjährige Seitentriebe aufrecht, Rinde im Winter weißlich**, bis zur Spitze mittelstark bewehrt. Dornen meist einfach, vereinzelt auch doppelt oder dreiteilig. **Austrieb und junges Blatt deutlich rotbraun überlaufen. Sommerblätter dunkelgrün und stark glänzend, Blattbasis gerade.** Blütengröße mittel, **Kelchblätter mit starker Anthocyanfärbung**.

Phänologie
Austrieb: mittel-spät. Blühbeginn: mittel-spät. Fruchtreife: mittel-spät.

Anfälligkeiten
Mäßig anfällig für Amerikanischen Stachelbeermehltau. Geringe Platzneigung. Nicht empfindlich gegen Sonnenbrand.

Besondere Eigenschaften
Regelmäßiger, hoher Ertrag. Hält sich lange am Strauch. Strauch dauerhaft.

Herkunft und Verbreitung
Großbritannien, um 1800, gezüchtet von Woodward, Abstammung unbekannt. Nicht selten in alten Hausgärten.

Andere Sortennamen
Whitesmith, Grüne Hansa, Hall's Seedling, Lovett's Triumph, Grüne Triumph, Chautauqua, Columbus, Großfruchtige Grüne, Jumbo, Nailer, Wandering Girl, Champagne Green, Sir Sidney Smith, Lancashire Lass, Grundy's Lady Lilford, Halls Seedling, Lady Lilford, Sir Sidney, Weiße Triumph

Anmerkungen
Vielfältige Gruppe mit zahlreichen, morphologisch nur schwer unterscheidbaren Formen. Sehr ähnlich 'Grüne Riesenbeere', aber stärkerer aufrechter Wuchs. Sortenidentität wegen vielen Missverständnissen und Handelssynonymen kaum mehr eruierbar.

Weiße Volltragende

Beere
Mittel bis groß, **elliptisch**, teilweise verkehrt eiförmig. **Auffallend kurz gestielt und Beeren oft dicht gedrängt.** Schale dünn, **zuerst trüb grünlich weiß, bei Vollreife gelblich weiß und milchig durchscheinend mit hellen, reich verzweigten Adern**, sonnenwärts oft rotbraun marmoriert. **Oberfläche glatt, nur an Kelch und Stiel zerstreut flaumig, borstenlos.** Ausgezeichneter, charakteristischer, süßer Geschmack mit milder Säure, bei Vollreife etwas fade.

Pflanze
Mittlere Wuchsstärke, breit halb aufrechter, **gedrungener Wuchs, eher schwache Basistriebbildung**. **Gerüsttriebe mit fast waagerecht abstehenden Seitentrieben. Rinde der älteren Triebe charakteristisch zimtbraun.** Jahrestriebe bis zum Triebende mittel bis stark bewehrt. Dornen kräftig, meist einfach, aber auch Doppel- und Dreifachdornen vorhanden. **Austrieb und junges Blatt deutlich rotbraun überlaufen.** Blüte mittel bis groß, mit mäßiger bis starker Anthocyanfärbung.

Phänologie
Austrieb: früh-mittel. **Blühbeginn: früh.** Fruchtreife: mittel.

Anfälligkeiten
Anfällig für Amerikanischen Stachelbeermehltau, mäßig anfällig für Blattfallkrankheit. Mäßige Platzneigung. Wenig empfindlich gegen Sonnenbrand.

Besondere Eigenschaften
Hoher, regelmäßiger Ertrag. Gleichmäßige Fruchtentwicklung. Hält sich lange am Strauch. Strauch dauerhaft. Dekorative Beere.

Herkunft und Verbreitung
Großbritannien, vor 1831, gezüchtet von Hopley (?), Abstammung unbekannt. Früher weit verbreitete Tafelfrucht, heute nur noch selten in alten Hausgärten.

Andere Sortennamen
Shannon, Shanon, Weinige Krausbeere, Fraglich: Careless (Crompton)

Anmerkungen
Gut charakterisierte, leicht kenntliche Sorte.

Worcesterberry

Beere
Sehr klein, rundlich. Stiel und Fruchtbasis mittel bis lang. Schale fest, **zuerst violettrot, bei Vollreife schwarzviolett,** Aderung nur angedeutet, ohne oder nur mit unscheinbaren Atmungsflecken. **Oberfläche flaum- und borstenlos, stark bereift.** Intensiv aromatischer, süß-säuerlicher Geschmack, erinnert etwas an Heidelbeere.

Pflanze
Sehr starker, breit ausladender, dichter Wuchs. Einjährige Seitentriebe halb aufrecht, kräftig, oft etwas geschlängelt hin- und hergebogen, **bis zur Spitze dicht mit dunklen, scharfen, einfachen Dornen besetzt. Austrieb und junges Blatt dunkelgrün**, mäßig rotbraun überlaufen. **Blüten meist zu zweit, zu dritt oder mehr als drei,** klein bis mittel, **Kelchblätter mit starker Anthocyanfärbung**.

Phänologie
Austrieb: mittel-spät. Blühbeginn: mittel. **Fruchtreife: spät.**

Anfälligkeiten
Resistent gegen Amerikanischen Stachelbeermehltau, wenig anfällig für Blattfallkrankheit. Geringe Platzneigung.

Besondere Eigenschaften
Mäßiger Ertrag. Schlechte Pflückbarkeit.

Herkunft und Verbreitung
Großbritannien, um 1930, Züchter unbekannt, vermutlich Auslese der Oregon-Stachelbeere *(Ribes divaricatum)*. Selten in Liebhabersammlungen.

Anmerkungen
Gilt als Stachelbeer-Johannisbeer-Kreuzung, ist wohl aber eine Selektion der amerikanischen Wildart *Ribes divaricatum*, die um 1930 in England eingeführt und von E. J. Parsons, Barbourne Nurseries, Worcester, verbreitet wurde. Unterscheidet sich von der ähnlichen 'Black Velvet' unter anderem durch den breiteren Wuchs, die mehr oder weniger fehlenden Atmungsflecke und das intensivere Aroma.

Yellow Champagne

Beere

Klein bis mittelgroß, rundlich bis angedeutet elliptisch. Stiel und Fruchtbasis kurz bis höchstens mittel. **Schale sehr dünn und durchscheinend, leuchtend gelb**, stark geadert, mit hellen, wenig verzweigten Adern. **Oberfläche mittel bis stark flaumig, dicht mit Drüsenborsten besetzt.** Aromatischer, süß-säuerlicher Geschmack.

Pflanze

Mittlerer, **dichter, aufrechter bis halb aufrechter Wuchs** mit vielen Basistrieben, diese am Grund mit zahlreichen Stachelborsten. Einjährige Seitentriebe **bis zur Spitze dicht bewehrt, Dornen einfach bis dreifach. Austrieb und junges Blatt mittel- bis dunkelgrün, stark rotbraun überlaufen.** Sommerblätter flaumig behaart. Blüten einzeln oder zu zweit, mittelgroß, Kelchblätter mit starker Anthocyanfärbung.

Phänologie

Austrieb: mittel. Blühbeginn: mittel. **Fruchtreife: früh.**

Anfälligkeiten

Mäßig anfällig für Amerikanischen Stachelbeermehltau, stark anfällig für Blattfallkrankheit. Geringe Platzneigung. Wenig empfindlich gegen Sonnenbrand.

Besondere Eigenschaften

Attraktive Beere, am Strauch lange haltbar.

Herkunft

Großbritannien, bereits Ende des 18. Jahrhunderts in England bekannt.

Andere Sortennamen

Hairy Amber

Anmerkungen

Sehr ähnlich 'Früheste Gelbe', doch geringfügig spätere Reife und Dornen teilweise einfach.

Zlatý fik

Beere
Groß bis sehr groß, lang elliptisch bis verkehrt eiförmig, auch angedeutet birnenförmig, **am Stiel meist abgeplattet bis etwas eingedellt**, bisweilen schief. Stiellänge mittel, **meist mit stark verlängerter Fruchtbasis**. Schale eher dünn, **leuchtend goldgelb**, sonnenwärts leicht rot marmoriert, durchscheinend, hellgelb geadert. **Oberfläche schwach flaumig, mit zahlreichen Borstenhaaren, diese überwiegend in der oberen Beerenhälfte.** Intensiv aromatischer, säuerlich-süßer Geschmack.

Pflanze
Mittlere Wuchsstärke, halb aufrechter, eher lockerer Wuchs, eher schwache Basistriebbildung. Einjährige Seitentriebe halb aufrecht, etwas überhängend, dünn, bis zur Spitze mäßig bewehrt. **Dornen größtenteils einfach**, sehr vereinzelt auch Doppeldornen vorhanden. **Austrieb und junges Blatt deutlich rotbraun überlaufen. Sommerblätter groß, hellgrün,** Blattbasis gerade. Blüten mit mittlerer bis starker Anthocyanfärbung.

Phänologie
Austrieb: früh. Blühbeginn: mittel. Fruchtreife: früh-mittel.

Anfälligkeiten
Anfällig für Amerikanischen Stachelbeermehltau. Geringe Platzneigung.

Besondere Eigenschaften
Mittlerer Ertrag. Sehr schöne und wohlschmeckende Beere.

Herkunft und Verbreitung
Tschechien, 1902, gezüchtet von J. E. Proche (?), Sloupně, Abstammung unbekannt. In Tschechien (vor allem Ostböhmen) ursprünglich eine Hauptsorte. In Mittel- und Westeuropa wenig bekannt.

Andere Sortennamen
Goldene Feige

Anmerkungen
Etwas ähnlich der Sorte 'Pilot', doch Beeren deutlich elliptisch und intensiver gelb, Dornen einfach.

Anhang

Tabellen mit Referenzsorten für typische Merkmalsausprägungen

Die aufgeführten UPOV-Referenzsorten stammen aus den aktuellen UPOV-Prüfungsrichtlinien (Stand 2011), alle weiteren Beispielsorten folgen unserer Einschätzung. UPOV-Referenzen, die von unserer Beurteilung abweichen oder die wir nicht beurteilen können, sind nicht aufgelistet. Zu den sensorischen Bewertungen gibt es keine Referenzsorten.

Phänologie

Phänologie: Knospenaufbruch	**UPOV-Referenzsorten,** weitere Beispielsorten
sehr früh	**Mauks Frühe Rote**, Red Warrington, Rumbullion
früh	**Rote Frankfurter, Invicta**, Gelbe Triumphbeere, Grüne Flaschenbeere
mittel	**Früheste von Neuwied**, Achilles, Crownprince
spät	**Grüner Edelstein**, Grüne Riesenbeere, Hinnonmäki Rot
sehr spät	**Hinnonmäki Gelb**, Poorman, Houghton, Perle der Mark

Phänologie: Blühbeginn	**UPOV-Referenzsorten,** weitere Beispielsorten
früh	**Maiherzog**, Rifleman, Gelbe Triumphbeere
mittel	**Invicta, Rote Triumphbeere**, Crownprince, Beste Grüne
spät	**Hinnonmäki Gelb**, Captivator, Houghton, Lord Derby
sehr spät	Hinnonmäki Rot, Poorman

Phänologie: Beginn der Fruchtreife	**UPOV-Referenzsorten,** weitere Beispielsorten
sehr früh	Früheste von Neuwied, Mauks Frühe Rote, Golden Lion
früh	**Maiherzog**, Gelbe Triumphbeere
mittel	**Rote Triumphbeere**, Grüne Flaschenbeere, Weiße Volltragende
spät	**Achilles, Hinnonmäki Gelb**, Grüne Riesenbeere, Gelbe Riesenbeere
sehr spät	Captivator, Fredonia, Red Warrington, Poorman

Frucht

Frucht: Größe	**UPOV-Referenzsorten,** weitere Beispielsorten
sehr klein	**Houghton**, Worcesterberry
klein	**Early Green Hairy**, Rumbullion, Downing, Josselyn
mittel	**Gelbe Triumphbeere**, Hinnonmäki Gelb, Maiherzog, Hönings Früheste
groß	**Grüne Kugel**, Achilles, Keepsake, Invicta
sehr groß	Crownprince, Gelbe Riesenbeere

Frucht: Form	UPOV-Referenzsorten, weitere Beispielsorten
rundlich	Houghton, Early Green Hairy, Rumbullion
rundlich abgeplattet	Mauks Frühe Rote, Maiherzog, Weiße Neckartal
elliptisch	**Weiße Volltragende**, Achilles, Hinnonmäki Gelb, Gelbe Triumphbeere
eiförmig	*Rote Eibeere (Maurer 1913)*
verkehrt eiförmig	California (teilweise), Invicta (teilweise), Zlatý Fik (teilweise)
birnenförmig	**Grüne Flaschenbeere**, Perle der Mark (teilweise), Captivator (teilweise)
walzenförmig	**Crownprince**, Gelbe Riesenbeere (teilweise)

Frucht: Länge des Stiels	UPOV-Referenzsorten, weitere Beispielsorten
kurz	Früheste Gelbe, Weiße Volltragende, Poorman, Early Green Hairy
mittel	**Hinnonmäki Rot, Crownprince**, Gelbe Triumphbeere
lang	**Hinnonmäki Gelb, Sämling von Maurer**, Achilles

Frucht: Verlängerung der Fruchtbasis	UPOV-Referenzsorten, weitere Beispielsorten
kurz	**Hinnonmäki Gelb, Maiherzog**, Lauffener Gelbe, Red Warrington
mittel	Rote Triumphbeere
lang	Gelbe Riesenbeere, Captivator, Invicta, Perle der Mark

Frucht: Festigkeit der Schale	UPOV-Referenzsorten, weitere Beispielsorten
gering	**Mauks Frühe Rote**, Hönings Früheste, Invicta
mittel	**Achilles, Gelbe Triumphbeere**
hoch = fest	**Crownprince**, Perle der Mark, Hinnonmäki Rot

Frucht: Farbe	UPOV-Referenzsorten, weitere Beispielsorten
weißlich grün	Downing, Macherauchs Robustenta
grün	**Grüne Kugel**, Early Green Hairy, Beste Grüne, Grüne Flaschenbeere
gelbgrün	**Invicta**, Macherauchs Resistenta, Albion's Pride
gelb	**Golden Lion**, Früheste Gelbe, Pilot, California, Lauffener Gelbe
gelblich weiß	Langley Gage, Fascination, Weiße Volltragende, Oregon Champion
hellrot	Späte Hellrote, Red Warrington
rot	Mauks Frühe Rote
dunkelrot	**Achilles**, Rote Triumphbeere
rosaviolett	Poorman, Pixwell, Josselyn, Houghton
schwarzviolett	Worcesterberry, Black Velvet, Brinio

Frucht: Aderung	**UPOV-Referenzsorten,** weitere Beispielsorten
schwach	Gelbe Riesenbeere, Hinnonmäki Rot, Pilot
mittel (= geadert)	Hönings Früheste, Früheste von Neuwied
stark	Golden Lion, Grüne Riesenbeere, Early Green Hairy, Lady Delamere

Frucht: Flaumbehaarung	**UPOV-Referenzsorten,** weitere Beispielsorten
fehlend oder sehr gering	Achilles, Gelbe Triumphbeere, Poorman, Houghton, Maiherzog
schwach	Keepsake, Gelbe Riesenbeere, California, Zlatý Fik, Lord Derby
mittel (= flaumhaarig)	Früheste Gelbe, Red Warrington, Invicta
stark	Rumbullion, Grüne Riesenbeere, Rote Triumphbeere, Rote Frankfurter

Frucht: Borstenhaare	**UPOV-Referenzsorten,** weitere Beispielsorten
fehlend	Grüne Flaschenbeere, Grüne Riesenbeere, Lady Delamere
schwach (= wenige)	Früheste von Neuwied, Keepsake
mittel (= mäßig viele)	Rote Frankfurter, Fascination
stark (= viele)	**Hönings Früheste**, Early Green Hairy, Red Warrington, Red Champagne

Frucht: Bereifung	**UPOV-Referenzsorten,** weitere Beispielsorten
fehlend oder sehr gering	**Lady Delamere, Maiherzog**, Achilles, Gelbe Riesenbeere
schwach	Invicta, Oregon Champion
mittel (= bereift)	Hinnonmäki Gelb, Downing
stark	**Macherauchs Robustenta, Perle der Mark**, Poorman

Pflanze

Pflanze: Wuchsstärke	**UPOV-Referenzsorten,** weitere Beispielsorten
schwach	Gunner, Bedford Red
mittel	**Hönings Früheste**, Early Green Hairy, Rifleman, Maiherzog
stark	**Rote Triumphbeere**, Crownprince, Achilles, Rote Frankfurter
sehr stark	**Invicta, Perle der Mark**, Brinio, Poorman, Black Velvet

Pflanze: Wuchsdichte	**UPOV-Referenzsorten,** weitere Beispielsorten
locker	**Spinefree**, Gunner, Achilles, Captivator
mittel	Rote Triumphbeere, Crownprince, Gelbe Riesenbeere
dicht	**Perle der Mark**, Early Green Hairy, Früheste Gelbe, Rumbullion

Pflanze: Wuchsform	**UPOV-Referenzsorten,** weitere Beispielsorten
aufrecht	Early Green Hairy, Früheste Gelbe, Red Champagne
halb aufrecht	**Invicta**, Rote Triumphbeere, Maiherzog, Rifleman, Gelbe Riesenbeere
breitwüchsig	Achilles, California, Sämling von Maurer, Red Warrington, Grüne Flaschenbeere

Pflanze: Anzahl Basistriebe	**UPOV-Referenzsorten,** weitere Beispielsorten
wenige	**Rote Triumphbeere**, Zlatý Fik, Weiße Volltragende, Captivator
mittel	**Golden Lion**, Achilles, Gelbe Riesenbeere, Rote Frankfurter
viele	**Hönings Früheste**, Early Green Hairy, Hinnonmäki Gelb

Einjähriger Seitentrieb

Einjähriger Seitentrieb: Stellung	**UPOV-Referenzsorten,** weitere Beispielsorten
aufrecht	Red Champagne, Golden Lion, Hönings Früheste
halb aufrecht	**Invicta**, Gelbe Riesenbeere, Rote Triumphbeere, Rote Frankfurter
waagerecht	Fredonia, Grüne Flaschenbeere, Achilles, Macherauchs Resistenta

Einjähriger Seitentrieb: Biegung	**UPOV-Referenzsorten,** weitere Beispielsorten
schwach	**Rote Triumphbeere**, Rifleman, Early Green Hairy, Crownprince
mittel	Runde Gelbe, Maiherzog, Poorman
stark	Hinnonmäki Gelb, Achilles, California

Dornen

Dornen: Anzahl Einzeldornen	**UPOV-Referenzsorten,** weitere Beispielsorten
fehlend oder sehr wenige	Früheste Gelbe, Red Warrington
wenige	**Rote Triumphbeere**, Crownprince
mittel	**Invicta**, Hinnonmäki Rot, Hönings Früheste
viele	**Hinnonmäki Gelb**, Macherauchs Resistenta, Späte Hellrote

Dornen: Anzahl Zweifachdornen	**UPOV-Referenzsorten,** weitere Beispielsorten
fehlend oder sehr wenige	Gelbe Riesenbeere, Houghton
wenige	**Invicta**, Lauffener Gelbe, Weiße Volltragende
mittel	**Rote Triumphbeere**, Hinnonmäki Rot, Rote Frankfurter
viele	–

Dornen: Anzahl Dreifachdornen	**UPOV-Referenzsorten,** weitere Beispielsorten
fehlend oder sehr wenige	Runde Gelbe, Weiße Neckartal, Grüne Flaschenbeere
wenige	**Hinnonmäki Gelb, Invicta**
mittel	**Rote Triumphbeere**, Crownprince, Hinnonmäki Rot, Gelbe Triumphbeere
viele	Früheste Gelbe, Red Warrington, Rumbullion

Jungtrieb

Jungtrieb: Grünfärbung des jungen Blattes	**UPOV-Referenzsorten,** weitere Beispielsorten
hell	**Maiherzog**, Red Warrington, Achilles
mittel	**Rote Frankfurter, Rote Triumphbeere**, Gelbe Riesenbeere, Weiße Volltragende
dunkel	**Macherauchs Resistenta**, Früheste Gelbe, Hinnonmäki Rot

Jungtrieb: Anthocyanfärbung des jungen Blattes	**UPOV-Referenzsorten,** weitere Beispielsorten
fehlend oder sehr gering	Achilles, Lord Derby, Lancashire Lad
gering (= schwach)	**Gelbe Triumphbeere**, Rote Frankfurter, Red Warrington, Rumbullion
mittel	Hinnonmäki Gelb, Weiße Volltragende
stark	California, Early Green Hairy, Red Champagne

Blatt

Blatt: Grünfärbung	**UPOV-Referenzsorten,** weitere Beispielsorten
hellgrün	Früheste Gelbe, Zlatý Fik, Fascination
mittelgrün	Macherauchs Resistenta, Mauks Frühe Rote, Früheste von Neuwied
dunkelgrün	Early Green Hairy, Rote Triumphbeere, Rumbullion, Invicta, Grüne Flaschenbeere

Blatt: Form der Basis	**UPOV-Referenzsorten,** weitere Beispielsorten
keilförmig	**Lauffener Gelbe** (teilweise), Crownprince (teilweise)
gerade	**Crownprince** (teilweise), Gelbe Triumphbeere, Poorman, Hönings Früheste
gebuchtet	Sämling von Maurer, Black Velvet, Golden Lion, Macherauchs Robustenta

Blatt: Größe	**UPOV-Referenzsorten,** weitere Beispielsorten
klein	**Golden Lion**, Early Green Hairy, Red Warrington
mittel	**Gelbe Triumphbeere**, Späte Hellrote, Hinnonmäki Gelb, Früheste Gelbe
groß	Black Velvet, Macherauchs Resistenta, Perle der Mark

Blatt: Glanz	**UPOV-Referenzsorten,** weitere Beispielsorten
schwach	**Sämling von Maurer**, Poorman
mittel	**Crownprince**, Red Warrington
stark	**Rote Triumphbeere**, Early Green Hairy

Blütenstand

Blütenstand: Anzahl der Blüten	**UPOV-Referenzsorten,** weitere Beispielsorten
vorwiegend eine	**Hönings Früheste**, California, Keepsake, Gelbe Riesenbeere
vorwiegend zwei	**Hinnonmäki Gelb**, Poorman, Perle der Mark
drei oder mehr	**Black Velvet**, Houghton, Worcesterberry, Brinio

Blüte

Blüte: Durchmesser	**UPOV-Referenzsorten,** weitere Beispielsorten
klein	Hinnonmäki Rot, Downing, Captivator, Early Green Hairy, Rumbullion
mittel	Red Warrington, Poorman, Maiherzog
groß	Pilot, Keepsake, Grüne Flaschenbeere, Zlatý Fik

Blüte: Anthocyanfärbung des Kelchblattes	**UPOV-Referenzsorten,** weitere Beispielsorten
fehlend oder sehr gering	**Spinefree**, Captivator
schwach	**Hinnonmäki Gelb**, Achilles, Red Warrington
mittel	**Rote Triumphbeere**, Rote Frankfurter
stark	**Invicta**, Early Green Hairy, Grüne Flaschenbeere, Langley Gage

Blüte: Anthocyanfärbung des Fruchtknotens	**UPOV-Referenzsorten,** weitere Beispielsorten
fehlend oder sehr gering	**Rote Frankfurter**, Pixwell, Rifleman, Achilles
schwach	**Grüne Kugel, Rote Triumphbeere**, Hinnonmäki Gelb
mittel	**Gelbe Triumphbeere, Invicta**, Fascination, Rumbullion
stark	Runde Gelbe, Perle der Mark, California

Ausgewählte Literaturverweise zu den Sortennamen

SORTENNAME	LITERATUR
Achilles	Fischer 1995, Mühl 1996, Neuweiler et al. 2000, Wachsmuth 2017
Albion's Pride (?)	Macherauch 1911, Maurer 1913
Bedford Red	Oldham 1946
Beste Grüne	Hogg 1884, Maurer 1913
Black Velvet	NCGR
Brinio	Knight 1955
California	Hogg 1864, Luža et al. 1967, Maurer 1913, Schaal 1930
Captivator	Bundessortenamt 2002, Holmes 1996
Crownprince	Keipert 1981, Kruft & Luckan 1957, Macherauch 1911, Macherauch 1955, Müllers 1936
Downing	Macherauch 1929, Maurer 1913
Early Green Hairy	Bundessortenamt 2002, Lucas & Oberdieck 1875, Maurer 1913
Fascination	Hedrick 1925
Fredonia	Brooks & Olmo 1972
Früheste Gelbe	Kobel & Spreng 1949, Macherauch 1911, Maurer 1913, Müllers 1936, Planckh & Falch 1948, Schütz 1949
Früheste von Neuwied	Blattný et al. 1971, Luža et al. 1967, Macherauch 1911, Macherauch 1929, Maurer 1900, Maurer 1913, Müllers 1936, Planckh & Falch 1948
Gelbe Riesenbeere	Holmes 1996, Lucas 1921, Macherauch 1911, Maurer 1900, Maurer 1913, Moissl et al. 1935, Müllers 1936, Planckh & Falch 1948
Gelbe Triumphbeere	Blattný et al. 1971, Friedrich 1961, Luža et al. 1967, Macherauch 1929, Maurer 1913, Mühl 1996, Müllers 1936, Planck & Falch 1948, Schütz 1976, Sorge 1990
Golden Drop (?)	Hogg 1884, Maurer 1913, Oldham 1946
Golden Lion	Macherauch 1929, Maurer 1913, Müllers 1936
Grüne Flaschenbeere	Blattný et al. 1971, Luža et al. 1967, Macherauch 1911, Maurer 1900, Maurer 1913, Müllers 1936, Planckh & Falch 1948, Zulauf 1948
Grüne Kugel	Blattný et al. 1971, Duperrex 1977, Fischer 1995, Friedrich 1961, Keipert 1981, Sattler 1968, Sorge 1953
Grüne Riesenbeere	Blattný et al. 1971, Lucas & Oberdieck 1875, Lucas 1921, Luža et al. 1967, Macherauch 1911, Macherauch 1929, Maurer 1900, Maurer 1913, Müllers 1936, Planck & Falch 1948
Gunner	Hogg 1884
Hero of the Nile	Hogg 1884, Stocks 2008
Hinnonmäki Rot	Bundessortenamt 2002, Holmes 1996
Hönings Früheste	Blattný et al. 1971, Duperrex 1977, Fischer 1995, Friedrich 1961, Keipert 1981, Luža et al. 1967, Macherauch 1929, Maurer 1913, Mühl 1996, Müllers 1936, Planckh & Falch 1948, Sattler 1968, Sorge 1990
Houghton	Fuller 1867, Hedrick 1922, Löbner 1934, Macherauch 1929, Maurer 1913, Müllers 1936
Invicta	Bundessortenamt 2002, Fischer 1995, Holmes 1996, Mühl 1996, Neuweiler et al. 2000
John Anderson (?)	Hogg 1884, Maurer 1913
Josselyn	Duperrex 1977, Maurer 1913
Keepsake	Duperrex 1977, Hogg 1884, Macherauch 1929, Maurer 1913, Müllers 1936
Lady Delamere	Blattný et al. 1971, Hogg 1884, Kobel & Spreng 1949, Luža et al. 1967, Macherauch 1929, Maurer 1913, Mühl 1996, Müllers 1936, Planckh & Falch 1948
Lancashire Lad (?)	Budd 1902, Hedrick 1925, Hogg 1866, Maurer 1913

Langley Gage	Maurer 1913
Lauffener Gelbe	Blattný et al. 1971, Friedrich 1961, Keipert 1981, Mühl 1996, Sattler 1968, Zulauf 1948
Lord Derby	Moore & Paul 1874, Oldham 1946
Macherauchs Resistenta	Blattný et al. 1971, Duperrex 1977, Keipert 1981
Macherauchs Robustenta	Blattný et al. 1971, Keipert 1981
Maiherzog	Blattný et al. 1971, Duperrex 1977, Fischer 1995, Luža et al. 1967, Maurer 1913, Müllers 1936, Neuweiler et al. 2000, Planckh & Falch 1948, Sattler 1968
Mauks Frühe Rote	Blattný et al. 1971, Duperrex 1977, Mühl 1996, Sattler 1968, Zulauf 1948
Oregon Champion (?)	Duperrex 1977, Hedrick 1922
Perle der Mark	Duperrex 1977, Fischer 1995, Mühl 1996, Sorge 1953
Pilot	Hedrick 1925, Hogg 1884, Lucas & Oberdieck 1875, Maurer 1913
Pixwell (?)	Brooks & Olmo 1972, Duperrex 1977
Poorman	Duperrex 1977, Hedrick 1922, Holmes 1996, Otto 1995
Rawlinsons Victory	Hogg 1884, Maurer 1883, Maurer 1913, Pansner 1852
Red Champagne	Hedrick 1925, Hogg 1884, Maurer 1913
Red Warrington	Hogg 1884, Maurer 1913
Rifleman	Hogg 1884, Maurer 1913
Rolonda (?)	Bundessortenamt 2002, Fischer 1995
Rote Frankfurter	Maurer 1913
Rote Triumphbeere	Blattný et al. 1971, Bundessortenamt 2002, Duperrex 1977, Fischer 1995, Luža et al. 1967, Maurer 1913, Neuweiler et al. 2000, Planckh & Falch 1948, Sattler 1968
Rumbullion	Maurer 1913
Runde Gelbe	Lucas 1921, Maurer 1913, Müllers 1936
Sämling von Maurer	Blattný et al. 1971, Macherauch 1911, Macherauch 1929, Maurer 1900, Maurer 1913, Müllers 1936, Planck & Falch 1948, Zulauf 1948
Späte Hellrote	Maurer 1913, Müllers 1936
"Stachelbeere von Nieuwegein"	Blattný et al. 1971, Maurer 1913, Sorge 1953
"Stachelbeere von Taastrup"	Maurer 1883, Maurer 1913
"Stachelbeere von Wurzen 2"	Blattný et al. 1971, Macherauch 1911, Maurer 1913
Weiße Neckartal	Blattný et al. 1971, Duperrex 1977, Fischer 1995, Keipert 1981, Sattler 1968, Sorge 1990
Weiße Triumphbeere (?)	Blattný et al. 1971, Friedrich 1961, Keipert 1981, Kobel & Spreng 1949, Luža et al. 1967, Macherauch 1911, Macherauch 1929, Maurer 1913, Mühl 1996, Müllers 1936, Planckh & Falch 1948, Sattler 1968, Sorge 1990
Weiße Volltragende	Blattný et al. 1971, Friedrich, 1961, Luža et al. 1967, Macherauch 1911, Macherauch 1929, Maurer 1913, Müllers 1936, Planck & Falch 1948, Sorge 1990
Worcesterberry	Müllers 1936
Zlatý fik	Blattný et al. 1971, Luža et al. 1967

Literaturverzeichnis

Blattný, C., Sekera, J., Dostál, J., Blattná J., Kluczynska J., Košák B., Nuhlíček Č., Králíček J. & Purtak M. (1971). Rybízy, angrešty, maliníky a ostruž iníky. *Ovocnická edice 16, Academia Praha, 580str.*

Brooks, R. M. & Olmo, H. P. (1972). Register of new fruit and nut varieties. 2nd edition. *University of California Press, Berkeley.*

Budd, J. L. (1902). Horticultural Manual. Vol. 2. *John Wiley & Sons Inc.,* London.

Bundessortenamt, B. S. A. (2002). Beschreibende Sortenliste Strauchbeerenobst: Rote Johannisbeere, Schwarze Johannisbeere, Stachelbeere, Jostabeere. *Deutscher Landwirtschaftsverlag, Hannover.*

Card, F. W. (1925). Bush-fruits: A Handbook of Raspberries, Blackberies, Dewberries, Gooseberries, Currants, Blueberries, and Other Small-fruits. *The Macmillan Company, London.*

Duperrex, H. (1977). La culture des petits fruits. *Payot, Lausanne.*

Fischer, M. (1995). Farbatlas Obstsorten. *E. Ulmer, Stuttgart.*

Friedrich, G. (1961). Der Obstbau. *Neumann Verlag, Halle.*

Fuller, A. S. (1867). The small fruit culturist. *O. Judd & Company, New York.*

Hedrick, U. P. (1922). Cyclopedia of hardy fruits. *The Macmillan Company, New York.*

Hedrick, U. P. (1925). Systematic Pomology. *The Macmillan Company, New York.*

Hogg, R. (1866). The fruit manual: containing the descriptions and synonyms of the fruits and fruit trees of great britain. *Kessinger Publishing Legacy Reprints, Montana.*

Hogg, R. (1884). The fruit manual: a guide to the fruits and fruit trees of Great Britain. *Journal of Horticulture Office, London.*

Holmes, R. (1996). Taylor's guide to fruits and berries. *Houghton Mifflin Co., Boston.*

Keipert, K. (1981). Beerenobst. *E. Ulmer, Stuttgart.*

Knight, R. L. (1955). Abstract Bibliography of Fruit Breeding and Genetics: Rubus and Ribes To 1955. *Horticultural Technical Commentary, Commonwealth Agricultural Bureau, Kent.*

Kobel, F. & Spreng, H. (1949). Neuzeitliche Obstbautechnik und Tafelobstverwertung. *Verbandsdruckerei AG, Bern.*

Kruft, F. & Luckan, J. (1957). Neuzeitlicher Anbau der Stachelbeeren und Johannisbeeren im Erwerbsbetrieb und im Garten. *E. Ulmer, Stuttgart.*

Löbner, M. (1934). Die Beerenobstzucht. *Mirz et Cie., Aarau.*

Lucas, E. & Oberdieck, J. G. K. (1875). Illustriertes Handbuch der Obstkunde. *E. Ulmer, Stuttgart.*

Lucas, E. (1921). Handbuch der Obstkultur. *E. Ulmer, Stuttgart.*

Luža, Jozef a kolektiv (1967). Rybíz, angrešt, maliny, ostružiny a jahody. *Malá pomologie V, Praha.*

Macherauch, E. (1911). Illustriertes Handbuch der Beerenobstkultur. *Trowitzsch, Frankfurt.*

Macherauch, O. (1929). Beerenobstkulturen, die Gewinn bringen. *Trowitzsch & Sohn, Frankfurt.*

Macherauch, O. (1955). Strauchbeerenobst. *Bayerischer Landwirtschaftsverlag.*

Maurer, H. (1883). Das Beerenobst, seine Kultur, Fortpflanzung und Benutzung. *E. Ulmer, Stuttgart.*

Maurer, L. (1900). Die Beerensträucher. Ihre Anzucht und ihr Anbau. *Verlag von Karl Siegismund, Berlin.*

Maurer, L. (1913). Maurer's Stachelbeerbuch über die besten und verbreitetsten Stachelbeersorten. *E. Ulmer, Stuttgart.*

Moissl, F., Planckh, E. & Zwiegelt, F. (1935). Beerenobst? Beerenobst! *Scholle-Verlag, Wien.*

Moore, T. & Paul, W. (1874). Florist and Pomologist. A Pirctorial Monthly Magazine. *Flowers, fruits, and general Horticulture. Journal of Horticulture, London.*

Mühl, F. (1996). Beerenobst und Wildfrüchte. *Obst- und Gartenbauverlag, München.*

Müllers, L. (1936). Beerenobst. *Mönchen-Gladbachischer Volksvereins-Verlag, Nordhausen am Harz.*

NCGR = National Clonal Germplasm Repository Corvallis, USA

Neuweiler, R., Röthlisberger, K., Rusterholz P. & Terrettaz, R. (2000). Beeren und besondere Obstarten. *Landwirtschaftliche Lehrmittelzentrale, Zollikofen.*

Oldham, C. H. (1946). The cultivation of berried fruits in Great Britain. *Crosby Lockwood, London.*

Otto, S. (1995). The Back Yard Berry Book. *Ottographics, Maple City, Michigan.*

Pansner, L. (1852). Der Versuch einer Monographie der Stachelbeere. *Karl Doebereiner, Jena. Neuauflage: Vero Verlag.*

Planckh, E. & Falch, J. (1948). Beerenobst im Klein-und Erwerbsgarten und seine Verwertung. *Scholle Verlag, Wien.*

Sattler, Herman (1968). Beerenobst. *E. Ulmer, Stuttgart.*

Schaal, G. (1930). Stein-, Beeren und Schalenobst. Band II. *Eckstein & Stähle / Stuttgart.*

Schütz, F. (1949). Der Beerenobstbau – Anzucht, Kultur, Sortenwahl, Düngung, Schädlingsbekämpfung und Früchteverwertung. *Verlag Wirz, Aarau.*

Schütz, F. (1976). Der Beerenobstanbau – Anzucht, Kultur, Sortenwahl, Düngung, Schädlingsbekämpfung und Früchteverwertung. *Verlag Wirz, Aarau.*

Sorge, P. (1953). Beerenobst: Arten- und Sortenkunde. *Deutscher Bauernverlag, Berlin.*

Sorge, P. (1990). Beerenobstsorten. *Neumann Verlag Leipzig.*

Stocks, C. (2008). Forgotten Fruits. *Random House Books, London.*

Wachsmuth, B. (2017). Stachelbeerenthusiasten – Lorenz von Pansner und Eckhard Klocke. *Zandera, Berlin.*

Zulauf, H. (1948). Preis- und Sortenliste über Zwerg- und Formobstbäume, Spalier- und Tafel-Reben. Beerenobst: Erdbeeren, Brombeeren, Himbeeren, Johannis- und Stachelbeeren, sowie Rhabarber. *Schinznach-Dorf.*

Dank

Viele Menschen haben unsere Arbeit über die Jahre begleitet und das vorliegende Werk in unterschiedlicher Weise unterstützt und ermöglicht.

Ganz besonders bedanken möchten wir uns bei Frau Dr. Daniela Schlettwein. Dieses Buch konnte nur dank ihrer Vision, der langjährigen Freundschaft und der wertvollen ideellen Unterstützung realisiert werden.

Zudem danken wir folgenden Personen für ihre Beiträge und Unterstützung der Projektidee:

- Béla Bartha, ProSpecieRara
- Gertrud Burger, ProSpecieRara
- Malin Maurer, Affoltern am Albis (Illustrationen)
- Olga Sommer, Bern (Datenverarbeitung)
- Markus Zuber, Küttigen (Fotografien)

Pascal Kissling (Záblatí, CZ) und Henry Müller (Winterthur) gebührt Dank für die wertvollen Literaturhinweise und die zur Verfügung gestellten historischen Werke.

Ein großer Dank geht auch an Silvia Grassi (Riehen) und Elisabeth Ris (Riehen) für die tatkräftige Mithilfe bei der Pflege unserer Beerensammlungen.

Danken möchten wir ferner allen unerwähnten Personen und Institutionen, welche in ihren Gärten und Sammlungen Sorge zu den Stachelbeeren tragen und Pflanzenmaterial an unsere Sammlung geschickt haben.

Wir danken Gabriela Bortot vom Haupt Verlag für das Lektorat und die geduldige Ausarbeitung des Buches unter Berücksichtigung der unterschiedlichen Vorstellungen der Autoren und HerausgeberInnen.

Weiter möchten wir uns ganz herzlich bei den finanziellen Unterstützern bedanken, welche das Projekt mitgetragen haben:

- Margarethe und Rudolf Gsell-Stiftung, Basel
- Bundesamt für Landwirtschaft BLW, Bern (Teilfinanzierung der Beerensammlungen)

Bildnachweis

Seite 6: Markus Zuber (Early Green Hairy, Blüte)
Seite 11: ProSpecieRara
Seite 14: Internet Archive Book Images/Flickr/keine Urheberrechtsbeschränkungen bekannt
Seite 19–29 (Illustrationen und Fotografien): Malin Maurer
Seite 31: Shutterstock/Grandpa
Seite 33: Markus Zuber (Grüne Flaschenbeere, Blüte)
Seite 34–233 (Sortenbeschreibungen): Martin Frei;
außer Winterzweige Seite 37, 39, 45, 89, 101, 113, 117, 133, 137, 185, 195, 209, 219: Claudio Niggli
Seite 234: Markus Zuber (Worcesterberry, Blüte)
Seite 246: Markus Zuber (Mauks Frühe Rote, Blüte)
Seite 248: Markus Zuber (Worcesterberry, Jungfrüchte)
Seite 253: Markus Zuber (Maiherzog, Blüte)

Register der Sortennamen

Y

Z

David Szalatnay / Markus Kellerhals / Martin Frei / Urs Müller

Früchte, Beeren, Nüsse

Die Vielfalt der Sorten – 800 Porträts

2011. 1008 Seiten,
ca. 2000 Farbfotos,
gebunden
ISBN 978-3-258-07194-7

Zeienapfel oder Süßer Pfaffenapfel? Guggerkirsche oder Abrahämler? Schöne von Löwen oder Viktoria-Pflaume? Beim Einkaufen finden die meisten von uns nur etwa fünf Apfel- und zwei Birnensorten im Regal. Dem steht die enorme Vielfalt von Sorten gegenüber, die über viele Jahrhunderte entdeckt, gezüchtet, vermarktet und genossen wurden. Die alten und oft vergessenen Obstsorten stellen ein einzigartiges Kulturgut dar und legen Zeugnis ab von traditionellen Anbauspezialitäten. Gleichzeitig sind sie auch von unschätzbarem Wert als genetische Ressourcen.

Erstmals wird nun ein großer Teil der Vielfalt einem interessierten Publikum zugänglich gemacht: Auf über tausend Seiten stellt dieses Buch 800 Früchte, Beeren und Nüsse mit Bildern und informativen Texten vor.

Damit wird «Früchte, Beeren, Nüsse» zum einzigartigen Referenzwerk für alle, denen auch in Zukunft wichtig ist, dass die Sortenvielfalt erhalten bleibt.